ベテラン講師がつくりました

オールカラー

世界一わかりやすい

Word 2019/2016/2013対応版

Word
テキスト

佐藤 薫 著

技術評論社

ご注意

ご購入・ご利用の前に必ずお読みください

本書の内容について

本書に記載された内容は、情報の提供のみを目的としています。したがって、本書を用いた運用は、必ずお客様自身の責任と判断によっておこなってください。これらの情報の運用の結果について、技術評論社および著者はいかなる責任も負いません。

本書は、Microsoft Word 2019/2016/2013に対応しています。

本書記載の情報は、2019年3月現在のものを掲載していますので、ご利用時には、変更されている場合もあります。

以上の注意事項をご承諾いただいた上で、本書をご利用願います。これらの注意事項をお読みいただかずに、お問い合わせいただいても、技術評論社および著者は対処しかねます。あらかじめ、ご承知おきください。

本書の執筆環境

本書の執筆環境は次の通りです。

OS:**Windows 10 Home**
アプリケーション:**Microsoft Office 2019**

なお、次の環境をもとに画面図を掲載しています。

画面解像度:**1024×768ピクセル**
テーマ:**Windows**

サンプルファイルについて

本書の学習に利用できるサンプルファイルは、下記よりダウンロードしてお使いいただけます。

https://gihyo.jp/book/2019/978-4-297-10273-9/support

サンプルファイルのご利用には、Microsoft Word 2019/2016/2013が必要です。なお、パソコン環境によっては、印刷時の改ページ位置などに違いが出ることがあります。また、バージョンの違いにより、フォントなど一部表示が異なることがあります。

- Microsoft、Windowsは、米国およびその他の国における米国Microsoft Corp.の登録商標です。
- Microsoft Word、Microsoft Excelは、米国およびその他の国におけるMicrosoft Corp.の商品名称です。
- その他、本文中に現れる製品名などは、各発売元または開発メーカーの登録商標または製品です。なお本文中では、™ や ® は明記していません。

はじめに

　Microsoft Wordは、文書を作成する日本語ワープロソフトです。文章入力時に役立つ入力支援や文章校正機能、文字の大きさや配置を設定する書式設定や見出しを効率よく作成するスタイル機能、表のレイアウト機能、図や画像を見栄えよく編集するデザイン機能など表現力豊かで説得力のある文書を作成する機能を備えています。Wordを使用すると、案内書やチラシといった身近な文書から報告書や論文、レポート、封筒や宛名ラベルなどいろいろな種類の文書を効率よく作成できます。

　本書では、Microsoft Wordの操作を、基礎から段階的に学習することもできますし、巻頭のスキルチェックシートで現在操作できる機能をチェックして、操作できない機能やあやふやな機能から学習を進めることもできます。

　まずは、各項の冒頭ページでこれから学習する内容を把握します。本書では業務や学校行事、地域の活動などで使用する書類を教材として使用しているので、どのようなシーンで利用するのかといった具体的なイメージをつかんでから学習を始めるとより身に着けやすいでしょう。

　そのうえで、1つずつの機能の解説を読み、実際に操作しながら習得していきます。操作手順は、画面に手順番号を付けて掲載しています。お使いのパソコンの画面と見比べながら、操作を進めましょう。特に重要な用語や操作などは「ここがポイント！」で解説していますので確認してください。また、操作手順で紹介した方法以外や補足説明は「知っておくと便利！」として掲載しています。さらに「ステップアップ！」として応用的な機能も紹介しています。どちらも操作がある場合は実際に操作してみてください。いろいろな方法を覚えることにより、Wordを仕事で使用するときに、よりスピーディーな対応ができるようになります。

　操作方法が習得できたかどうかは、章末の練習問題で確認できます。また、各項の見出しの右側に学習日と理解度チェック欄がありますので、ここに記入し、繰り返し解説を読み、実習して、その機能を確実にマスターしてください。

　本書を学習することによって、Wordの便利な機能をたくさん身に着けていただき、お仕事や生活のシーンでの文書作成に役立てていただければ幸いです。

2019年3月　筆者

目次

はじめに 3

このテキストの使い方 10

Chapter 1　Wordを始めよう　17

1-1 Wordでできること 18
　　　Wordでできること 18
1-2 Wordを起動・終了する 19
　　　Wordの起動と終了 19
1-3 Wordの画面の名称と構成を理解する 21
　　　Wordの画面の名称 21
　　　リボンの使い方 22
　　　クイックアクセスツールバーの使い方 23
1-4 キーボードの使い方を理解する 24
　　　ホームポジション 24
　　　キーの打ち分け 24
　　　文字の削除 25
1-5 文書を保存する・開く・閉じる 27
　　　ここでの学習内容 27
　　　文書の保存・開く・閉じる 28
　　　練習問題　　練習1-1 32
　　　　　　　　　練習1-2 32

Chapter 2　文字の入力　33

2-1 いろいろな文字を入力する 34
　　　日本語入力システム 34
　　　漢字変換 35
　　　英字の入力 37
　　　ファンクションキーによる変換 38
　　　記号の入力 39
2-2 読みのわからない漢字を入力する 40
　　　IMEパッドの利用 40

| 2-3 | 文章を入力する | 42 |

文章の入力 …………………………………… 42
文節の区切り直し ………………………… 43
変換後の修正 ………………………………… 44

| 2-4 | 文字を移動・コピーする | 46 |

ここでの学習内容 ………………………… 46
Windowsクリップボードを利用した移動とコピー …… 47
範囲選択の練習 …………………………… 47
文字列の移動やコピー …………………… 49
練習問題　練習2-1 ……………………… 51
　　　　　練習2-2 ……………………… 52

Chapter 3　文書の表示　　53

| 3-1 | ページのレイアウトを設定する | 54 |

ここでの学習内容 ………………………… 54
ページ設定 ………………………………… 55

| 3-2 | 文書の表示方法を変更する | 57 |

ここでの学習内容 ………………………… 57
表示倍率の変更 …………………………… 58
文書の表示モード ………………………… 59
ウィンドウの分割 ………………………… 61

| 3-3 | クイックアクセスツールバーにボタンを追加する | 62 |

ここでの学習内容 ………………………… 62
クイックアクセスツールバーの登録 …… 63
練習問題　練習3-1 ……………………… 67
　　　　　練習3-2 ……………………… 68
　　　　　練習3-3 ……………………… 68
　　　　　練習3-4 ……………………… 69
　　　　　練習3-5 ……………………… 70

Chapter 4　文書の編集　　71

| 4-1 | 文字書式を設定する | 72 |

ここでの学習内容 ………………………… 72
フォントやフォントサイズの設定 ……… 73
フォントの色と強調表示 ………………… 75
文字の効果 ………………………………… 78

| 4-2 | 文字を装飾する | 80 |

- ここでの学習内容 …… 80
- 文字の均等割り付け …… 81
- 文字のルビ …… 82
- 囲い文字 …… 84

| 4-3 | 文字の配置を変更する | 86 |

- ここでの学習内容 …… 86
- 文字の配置 …… 87
- インデントの設定 …… 89

| 4-4 | 箇条書きや段落番号を設定する | 92 |

- ここでの学習内容 …… 92
- 箇条書き …… 93
- 段落番号 …… 94

| 4-5 | 文字や行の間隔を設定する | 96 |

- ここでの学習内容 …… 96
- 文字の間隔 …… 97
- 行の間隔 …… 98
- 段落の前後の間隔 …… 100

| 4-6 | 文書を印刷する | 101 |

- ここでの学習内容 …… 101
- 印刷プレビューと印刷 …… 102
- 練習問題　練習4-1 …… 104

Chapter 5　表の作成　　　105

| 5-1 | 表を挿入する | 106 |

- ここでの学習内容 …… 106
- 表の挿入 …… 107

| 5-2 | 表のレイアウトを変更する | 109 |

- ここでの学習内容 …… 109
- 表の列幅、行の高さの変更 …… 110
- セルの結合と分割 …… 111
- 行や列の追加と削除 …… 113
- 表の位置の変更 …… 114
- 練習問題　練習5-1 …… 115
- 　　　　　練習5-2 …… 116

Chapter 6 表の編集　　　　117

6-1　表のスタイルを設定する……………………… 118
　　ここでの学習内容 …………………… 118
　　表のスタイル ………………………… 119

6-2　罫線を変更する・追加する…………………… 122
　　ここでの学習内容 …………………… 122
　　罫線の種類の変更 …………………… 123
　　罫線の追加と削除 …………………… 124
　　段落罫線 ……………………………… 126
　　練習問題　練習6-1 ………………… 128

Chapter 7 図形の挿入　　　　129

7-1　図形を挿入する………………………………… 130
　　ここでの学習内容 …………………… 130
　　図形の挿入 …………………………… 131
　　図形のサイズ変更と移動 …………… 134

7-2　図形の書式を設定する………………………… 135
　　ここでの学習内容 …………………… 135
　　図形のスタイルと効果 ……………… 136
　　文字列の折り返し …………………… 138
　　図形の重なり順の変更 ……………… 140

7-3　自由な位置に文字を挿入する………………… 141
　　ここでの学習内容 …………………… 141
　　テキストボックスの挿入 …………… 142
　　練習問題　練習7-1 ………………… 144

Chapter 8 グラフィックの挿入　　　　145

8-1　図を挿入する…………………………………… 146
　　ここでの学習内容 …………………… 146
　　図の挿入 ……………………………… 147
　　図と文字列の配置 …………………… 149
　　図のスタイルの設定 ………………… 150

8-2　ワードアートを作成する……………………… 152
　　ここでの学習内容 …………………… 152
　　ワードアートの挿入 ………………… 153
　　ワードアートの文字の効果 ………… 155

| 8-3 | **SmartArtを挿入する** …………………………………… 157 |

    ここでの学習内容 ……………………………………… 157
    SmartArtの挿入 ………………………………………… 158
    SmartArtの編集 ………………………………………… 160
    練習問題　　練習8-1 …………………………………… 162
    　　　　　　練習8-2 …………………………………… 163
    　　　　　　練習8-3 …………………………………… 164

Chapter 9　文書のレイアウト機能　　165

| 9-1 | **タブを設定する** ………………………………………… 166 |

    ここでの学習内容 ……………………………………… 166
    左揃えタブの設定 ……………………………………… 167
    複数のタブの設定 ……………………………………… 169

| 9-2 | **ヘッダー・フッターを作成する** ……………………… 172 |

    ここでの学習内容 ……………………………………… 172
    ヘッダーの挿入 ………………………………………… 173
    フッターの挿入 ………………………………………… 176

| 9-3 | **ページ番号を設定する** ………………………………… 178 |

    ここでの学習内容 ……………………………………… 178
    ページ番号の挿入 ……………………………………… 179

| 9-4 | **段組みを設定する** ……………………………………… 183 |

    ここでの学習内容 ……………………………………… 183
    段組みの設定 …………………………………………… 184
    段区切りの挿入 ………………………………………… 186

| 9-5 | **ページの背景を設定する** ……………………………… 188 |

    ここでの学習内容 ……………………………………… 188
    透かしの設定 …………………………………………… 189
    ページの色の設定 ……………………………………… 191
    ページ罫線の設定 ……………………………………… 193

| 9-6 | **ページのレイアウトを変更する** ……………………… 195 |

    ここでの学習内容 ……………………………………… 195
    ページ区切りの挿入 …………………………………… 196
    セクション区切りの挿入 ……………………………… 197

| 9-7 | **テーマを適用する** ……………………………………… 199 |

    ここでの学習内容 ……………………………………… 199
    テーマの設定 …………………………………………… 200
    テーマの色、フォント、効果の個別設定 …………… 201

9-8	検索や置換を利用する	204
	ここでの学習内容	204
	検索	205
	置換	207
	練習問題　練習9-1	209
	練習9-2	210

Chapter 10　スタイルの活用　　211

10-1	スタイルを適用する	212
	ここでの学習内容	212
	書式のコピー/貼り付け	213
	組み込みスタイルの適用	214
	スタイルセットの利用	217
10-2	スタイルを作成する	218
	ここでの学習内容	218
	新しいスタイルの作成	219
10-3	スタイルを変更・更新する	223
	ここでの学習内容	223
	スタイルの変更	224
	書式をもとにスタイルを更新	227
	練習問題　練習10-1	229
	練習10-2	230

Chapter 11　差し込み印刷　　231

11-1	差し込み印刷ウィザードを使用する	232
	ここでの学習内容	232
	差し込み印刷ウィザードの利用	233
11-2	手動で差し込み印刷を設定する	240
	ここでの学習内容	240
	［差し込み文書］タブの利用	241
11-3	宛名ラベルを作成する	246
	ここでの学習内容	246
	宛名ラベルの作成	247
	練習問題　練習11-1	252

索引	253

このテキストの使い方

テキストは、学習パートと練習問題にわかれています。学習パートでWordの基本知識や操作をおぼえてから、章末の練習問題にチャレンジしましょう。

学習パートについて

● まずは、Wordの基本的な知識や操作を学習しましょう。

● 学習をはじめる前に、学習内容を確認できるよう「ここでの学習内容」を確認できます。

● 「やってみよう」のパートでは、実際にサンプルを使いながら操作方法を学ぶことができます。使用するファイル名は、紙面に記載されています。
なお、サンプルを使用せずに学習するパートもあります。

● また、本文で紹介した操作方法等に関連する情報として、「ここがポイント！」「知っておくと便利！」「ステップアップ！」を掲載しています。

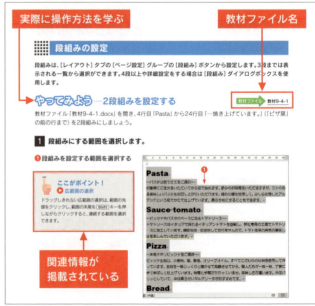

練習問題について

● 学習パートで学んだことが身についているか、練習問題にチャレンジして確認しましょう。
練習問題ファイルを使い、与えられた設問を解いてください。
なお、サンプルを使用しない問題もあります。

● 練習問題は、学習パートで学んだことが身についていれば、解答できる内容になっています。正解がわからない場合は、学習パートに戻って復習しましょう。

画面の大きさとボタンの配置に注意しましょう

Wordに配置されているボタンは、画面の大きさによって、配置のしかたや形状が変化します。
例えば下の図では、画面のサイズが大きくなると、[切り取り]、[コピー]、[書式のコピー/貼り付け]ボタンの名称が表示されるようになることがわかります。
本書では1024×768ピクセルの画面サイズでWordのウィンドウを掲載しています。

画面サイズが小さいとき

画面サイズが大きいとき

教材ファイルのダウンロード

学習を始める前に、学習用の教材ファイルをダウンロードしておきましょう。
ダウンロードした教材ファイルは［ドキュメント］フォルダーに保存しましょう。

1　Microsoft Edgeを起動します。

❶ ［スタート］ボタンをクリックする
❷ スクロールバーの▼をクリックする
❸ 「M」の一覧から［Microsoft Edge］をクリックする
❹ Microsoft Edgeが起動する
❺ ［検索またはWebアドレスを入力］欄に以下のURLを入力する
https://gihyo.jp/book/2019/978-4-297-10273-9/support
❻ Enter キーを押す

> Internet Explorerなどの他のブラウザでも、同様にダウンロードできます。

2　教材ファイルをダウンロードします。

❶ 「世界一わかりやすいWordテキスト」のサポートページが表示される
❷ 「ダウンロード」の［Word_Text.zip］をクリックする
❸ ［保存］ボタンをクリックする
❹ ダウンロードが開始される
❺ ダウンロードが終了するとメッセージが表示される
❻ ［フォルダーを開く］ボタンをクリックする

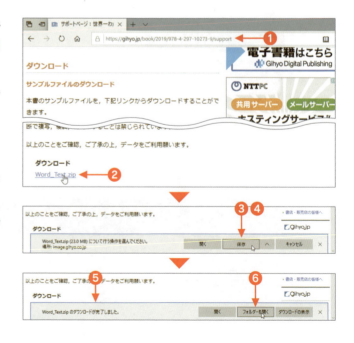

3 圧縮ファイルを展開します。

❶ [ダウンロード] フォルダーが表示される
❷ [Word_Text] を右クリックする
❸ 表示されたメニューの [すべて展開] をクリックする
❹ 「圧縮 (ZIP形式) フォルダーの展開」が表示される
❺ [展開] ボタンをクリックする

4 教材フォルダーを移動します。

❶ [Word_Text] フォルダーが表示される
❷ エクスプローラーから [ドキュメント] フォルダーを開く
❸ [Wordテキスト] を [ドキュメント] フォルダーにドラッグ&ドロップする

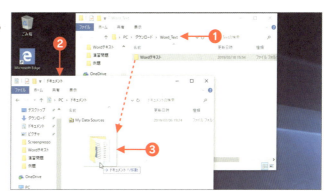

フォルダーの構成について

❶ 教材ファイル：学習パートで使用する「教材ファイル」です。
❷ 「練習問題」フォルダー：練習問題で使用するファイルが収録されています。
❸ 「完成例」フォルダー：教材ファイルや練習問題ファイルの完成例を確認する完成例ファイルが収録されています。
❹ 「保存用」フォルダー：教材ファイルを保存するときに、使用するフォルダーです。

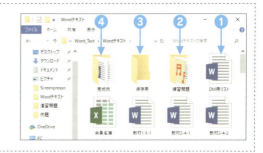

サンプルファイルを開いたときに、初回は [保護ビュー] が表示されます。
[編集を有効にする] ボタンをクリックしてから操作を続けてください。

スキルチェックで効率的に学習

本書で学習する機能の一覧です。学習前に操作できる機能の「学習前」欄にチェックを付けましょう。
時間のある方は最初から順にすべての機能を学習しましょう。時間のない方はチェックの付いていない機能の該当項目を学習しましょう。
学習終了後に操作できる機能の「学習後」欄にチェックを付け、できないものは再び学習し、すべての機能を確実にマスターしましょう。

機　　能	学習前	学習後	該当項目
● Wordの基礎知識			
Wordの起動と終了ができる			1-2
Wordの画面の名称と構成がわかる			1-3
リボンの使い方がわかる			1-3
クイックアクセスツールバーの使い方がわかる			1-3
キーボードのホームポジションやキーの打ち分けがわかる			1-4
ファイルを保存したり、開いたりができる			1-5
● 文字の入力			
ひらがな・漢字・英字・カタカナが入力できる			2-1
読みのわからない漢字を入力できる			2-2
漢字かな混じりの文章を入力できる			2-3
変換時に文節の区切り直しができる			2-3
変換の取り消しや再変換ができる			2-3
文字単位、行単位で範囲選択できる			2-4
文字列や行を移動したり、コピーしたりできる			2-4
● 文書の新規作成と表示			
用紙サイズや印刷の向き、1ページの行数や文字数などのページのレイアウトを設定できる			3-1
文書の表示方法を変更できる			3-2
ウィンドウを分割して文書を表示できる			3-2
クイックアクセスツールバーに任意のボタンを追加できる			3-3
ビジネス文書の書き方を理解できている			3-3
●文書の編集			
フォントやフォントサイズ、フォントの色の文字書式が設定できる			4-1
太字、斜体、下線、文字の効果の文字書式が設定できる			4-1
文字に均等割り付けを設定できる			4-2
文字にふりがな（ルビ）を表示できる			4-2
囲い文字を設定できる			4-2
中央揃えや右揃えなどの文字の配置を変更できる			4-3
インデントを設定して段落の位置を設定できる			4-3
箇条書きを設定して行頭に記号を表示できる			4-4
段落番号を設定して行頭に連続番号を表示できる			4-4
文字の間隔を設定できる			4-5
行と行の間隔や段落の前後の間隔を設定できる			4-5
印刷イメージを確認して印刷することができる			4-6
●表の作成			
行数と列数を指定して表を挿入できる			5-1
表内に文字を入力できる			5-1
列の幅や行の高さを変更することができる			5-2

機　　　能	学習前	学習後	該当項目
セルの結合や分割ができる			5-2
行、列の追加と削除ができる			5-2
表の位置を変更できる			5-2
●表の編集			
表にスタイルを設定したり、スタイルのオプションを変更できる			6-1
表に罫線を追加したり削除したりができる			6-2
表の罫線の種類を変更できる			6-2
段落に罫線を引くことができる			6-2
● 図形の挿入			
図形を挿入して、サイズや位置を調整できる			7-1
図形にスタイルや効果を設定できる			7-2
図形の周りの文字列の折り返しを設定できる			7-2
図形の重なり順を変更できる			7-2
テキストボックスを挿入して自由な位置に文字を表示できる			7-3
● グラフィックの挿入			
画像を挿入して、サイズや位置を調整できる			8-1
画像と文字列の配置を整えることができる			8-1
ワードアートを挿入して、配置を整えることができる			8-2
ワードアートの形状を変更したり、フォントサイズを変更できる			8-2
SmartArtを挿入して、図表を作成できる			8-3
SmartArtの色や図形の配置を変更できる			8-3
● 文書のレイアウト機能			
左揃えタブを挿入して文字の位置を揃えることができる			9-1
複数のタブを使用して、指定した位置に文字の位置を揃えることができる			9-1
組み込みのフッター、フッターを挿入して位置を調整できる			9-2
ページ番号を挿入して、開始番号を変更できる			9-3
表紙ページにページ番号を表示しないように設定できる			9-3
段組みを挿入して、段の区切りの位置を変更できる			9-4
ページ背景に透かしを挿入できる			9-5
ページの背景色を設定できる			9-5
ページの周りにページ罫線を挿入できる			9-5
ページの途中にページ区切りを挿入できる			9-6
ページにセクション区切りを挿入し、ページのレイアウトを変更できる			9-6
文書のテーマを変更できる			9-7
テーマのフォント、色、効果を個別に設定できる			9-7
文字列を検索できる			9-8
文字列を置換できる			9-8
● スタイルの活用			
書式のコピーして他の箇所に貼り付けできる			10-1
組み込みのスタイルを文書で利用できる			10-1
文書のスタイルセットを変更できる			10-1
新しいスタイルを作成できる			10-2
既存のスタイルを変更して、スタイルを更新することができる			10-3
● 差し込み印刷			
差し込み印刷ウィザードを使用して差し込み印刷文書を作成できる			11-1
[差し込み文書]タブを使用して差し込み印刷文書を作成できる			11-2
宛名ラベルを差し込み印刷で作成できる			11-3

目的別に学習したい方へ

業務や日常的な活動で使用する主な書類の作成に必要な機能をピックアップしました。最短で作成したい方は該当する章の学習をしてください。

■ビジネス文書を作成したい

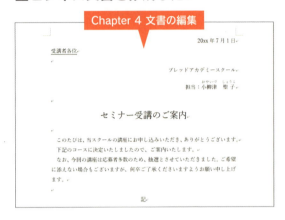

■表のある文書を作成したい

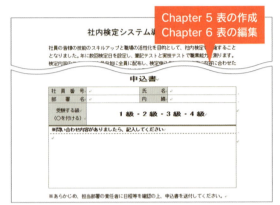

■効果的なチラシを作成したい

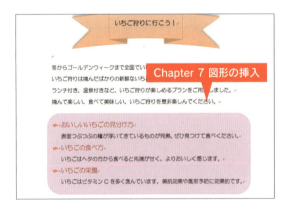

■ダイレクトメールの宛名印刷をしたい

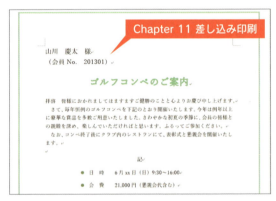

■グラフィカルな文書を作成したい

■凝ったレイアウトの文書を作成したい

Chapter 1

Wordを始めよう

Wordを始めるにあたり、Wordでできることの概要を把握します。
また、Wordの起動と終了、画面の名称や使い方、範囲選択の方法を学習します。

1-1 Wordでできること →18ページ

1-2 Wordを起動・終了する →19ページ

1-3 Wordの画面の名称と構成を理解する →21ページ

1-4 キーボードの使い方を理解する →24ページ

1-5 文書を保存する・閉じる・開く →27ページ

1-1

学習時間の目安 5 min

Wordでできること

Wordはマイクロソフト社が開発した日本語ワープロです。案内書や企画書、報告書、論文といったさまざまな文書を作成することができます。また、表を挿入したり、図や図形などのグラフィック機能を利用したデザイン性のある文書を作成することもできます。はがきや宛名ラベルなどへの差し込み印刷にも対応しています。

Wordでできること

Wordには文書作成を助ける多数の機能が用意されています。

文書作成
文字の大きさや種類、段落の配置を変更した読みやすい文書を作成できます。ビジネス文書に欠かせないあいさつ文なども簡単に入力でき、スピーディに文書が作成できます。

グラフィック機能
図や図形を挿入したり、ワードアート、SmartArtなどのグラフィック機能を使用してインパクトのある文書が作成できます。

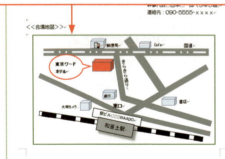

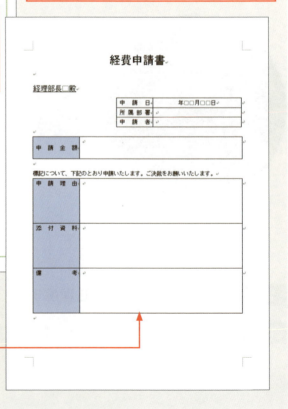

表作成
表を挿入後にレイアウトやデザインを簡単に変更することができるので見栄えの良い表を作成できます。

1-2 Wordを起動・終了する

学習時間の目安 10 min

学習日・理解度チェック
月　日　□
月　日　□
月　日　□

Wordの起動と終了の方法を学習します。

Wordの起動と終了

Wordの起動と終了にはいくつかの方法がありますが、ここでは［スタート］メニューを使った起動の方法と、［閉じる］ボタンを使った終了の方法を学習します。

やってみよう―Wordを起動する

［スタート］メニューからWordを起動し、新規の文書ウィンドウを表示しましょう。

1　アプリの一覧を表示します。

❶［スタート］ボタンをクリックする
❷［スタート］メニューにアプリの一覧が表示される

> **知っておくと便利！**
> ▶ 検索して起動
>
> ［スタート］ボタンの右側の［ここに入力して検索］をクリックし、「W」と入力して表示される検索結果の［Wordデスクトップアプリ］をクリックしてもWordが起動します。

2　Word 2019を起動します。

❶ スクロールバーの▼をクリックする
❷「W」の一覧から［Word］をクリックする
❸ Word 2019が起動する

Chapter1　Wordを始めよう

3 新規の文書を開きます。

❶ [白紙の文書] をクリックする
❷ 新規の文書ウィンドウが表示される

> **知っておくと便利！**
> ▶ Esc キーから表示
>
> 起動時の画面で、Esc キーを押しても白紙の文書が表示されます。

> **Word2013の場合**
>
> Word 2013を起動するには、スタート画面の ⊕ ボタンをクリックします。アプリ画面が表示されるので、画面を右方向にスクロールし、[Microsoft Office 2013] の一覧から [Word 2013] をクリックします。

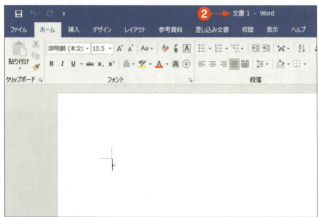

やってみよう ─ Wordを終了する

[閉じる] ボタンをクリックしてWordを終了しましょう。

1 Wordを終了します。

❶ [閉じる] ボタンをクリックする
❷ Wordが終了する

> **知っておくと便利！**
> ▶ メッセージが表示された場合は
>
> 変更が保存されていない文書を閉じようとすると、「"○○○ (文書名)" に対する変更を保存しますか？」というメッセージが表示されます。[保存しない] をクリックすると、変更が保存されずにWordが終了します。[キャンセル] をクリックすると、Wordの終了操作が取り消され、メッセージが消えます。

1-3 Wordの画面の名称と構成を理解する

学習時間の目安 min　学習日・理解度チェック

月　日　□
月　日　□
月　日　□

Wordの画面の名前と構成を理解しましょう。

Wordの画面の名称

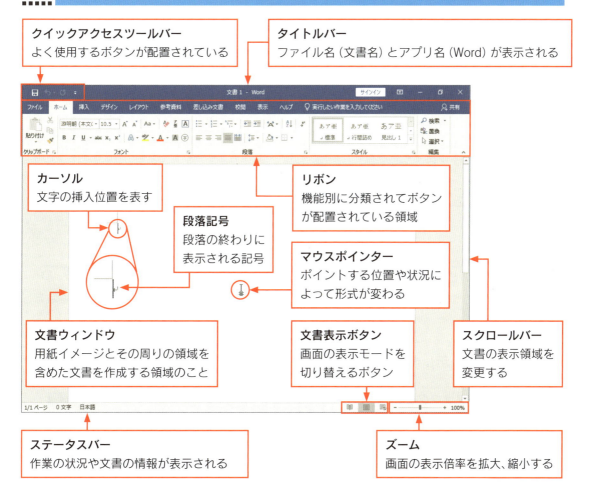

- **クイックアクセスツールバー**：よく使用するボタンが配置されている
- **タイトルバー**：ファイル名（文書名）とアプリ名（Word）が表示される
- **カーソル**：文字の挿入位置を表す
- **段落記号**：段落の終わりに表示される記号
- **リボン**：機能別に分類されてボタンが配置されている領域
- **マウスポインター**：ポイントする位置や状況によって形式が変わる
- **文書ウィンドウ**：用紙イメージとその周りの領域を含めた文書を作成する領域のこと
- **文書表示ボタン**：画面の表示モードを切り替えるボタン
- **スクロールバー**：文書の表示領域を変更する
- **ステータスバー**：作業の状況や文書の情報が表示される
- **ズーム**：画面の表示倍率を拡大、縮小する

 ステップアップ！
▶ ステータスバーに行番号を表示する

ステータスバーには、文書の情報（現在のページ番号や総ページ数、文書の文字数など）やキーボードの挿入/上書きモードなどが表示されていますが、自由に表示内容を変更できます。ステータスバーを右クリックし、ショートカットメニューの一覧から項目をクリックして表示/非表示を切り替えます。[行番号] をクリックして表示しておくと、カーソルのある行の行番号を確認することができて便利です。

リボンの使い方

リボンのボタンを使うときは、タブをクリックして切り替え、目的のボタンをクリックします。ボタンは機能ごとにグループにまとめられていて、マウスポインターを合わせて少し待つと、ボタン名と機能の説明が表示されます。

タブ
クリックするとリボンの表示が切り替わる

ダイアログボックス起動ツール
クリックすると詳細設定を行う画面（ダイアログボックス）が表示される

グループ
機能ごとにまとめられている

ボタン
ポイントするとポップヒントが表示され、クリックするとコマンド（命令）が実行される

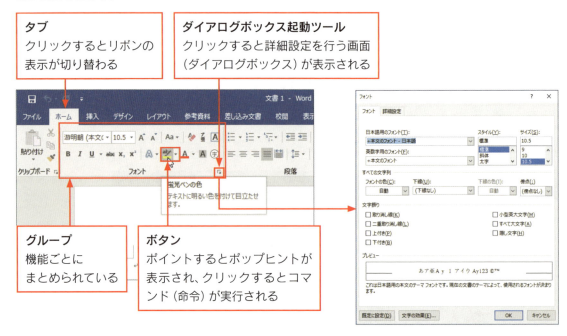

やってみよう ―リボンのボタンを使用して編集画面を設定する

Wordの初期設定では、ルーラーと編集記号の表示がオフになっています。ルーラーと編集記号を表示しましょう。

1 ルーラーを表示します。

❶ [表示] タブをクリックする
❷ [表示] グループの [ルーラー] チェックボックスをオンにする
❸ ルーラーが表示される

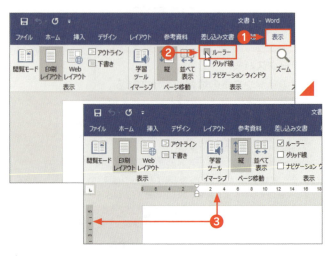

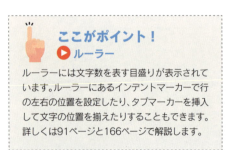

ここがポイント！
▶ ルーラー

ルーラーには文字数を表す目盛りが表示されています。ルーラーにあるインデントマーカーで行の左右の位置を設定したり、タブマーカーを挿入して文字の位置を揃えたりすることもできます。詳しくは91ページと166ページで解説します。

2 編集記号を表示して入力します。

① [ホーム] タブをクリックする
② [段落] グループの [編集記号の表示/非表示] ボタンをクリックする
③ [編集記号の表示/非表示] ボタンがオンになる
④  キーを押す
⑤ 空白を表す編集記号が表示される

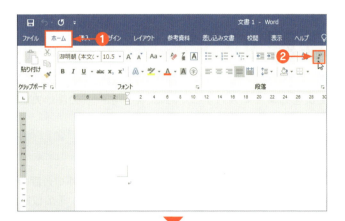

> **知っておくと便利！**
> ▶ 編集記号
>
> 編集記号とは、スペースやタブなどを入力したときに画面上に表示される記号のことです。Enter キーを押して改行したときに表示される段落記号は編集記号のオン/オフにかかわらず常に表示される設定になっています。

クイックアクセスツールバーの使い方

タイトルバーの左端にあるクイックアクセスツールバーは、リボンの上にあるので常に表示されている状態です。そのため、どのリボンのときでも使えます。

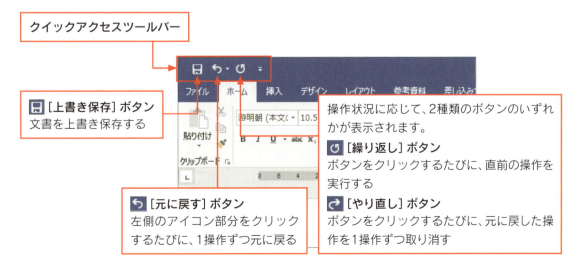

クイックアクセスツールバー

[上書き保存] ボタン
文書を上書き保存する

[元に戻す] ボタン
左側のアイコン部分をクリックするたびに、1操作ずつ元に戻る

操作状況に応じて、2種類のボタンのいずれかが表示されます。

[繰り返し] ボタン
ボタンをクリックするたびに、直前の操作を実行する

[やり直し] ボタン
ボタンをクリックするたびに、元に戻した操作を1操作ずつ取り消す

Chapter1　Wordを始めよう

1-4 キーボードの使い方を理解する

学習時間の目安 10 min　学習日・理解度チェック

月　日　☐
月　日　☐
月　日　☐

文章を効率よく入力するために、キーボードの使い方と入力の基礎を理解しましょう。

ホームポジション

ホームポジションとは、キーボードに指を置く基本の位置のことです。速く正確に入力できるようにするためには、まずはホームポジションの位置を覚え、その位置から指を動かして各キーを押し、その後ホームポジションに指を戻します。左手の人さし指を F キー、右手の人さし指を J キーに置き、その横のキーに親指以外の指を置きます。F キーと J キーは、他のキーとは違うくぼみや突起があり、指で触るとすぐわかるようになっています。親指は スペース キーに置きます。

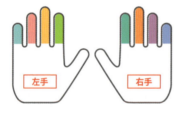

キーの打ち分け

キーボードの1つのキーには、文字や数値、記号など最大で4種類が表示されています。これらを打ち分けるには、 Shift キーを押したり、日本語入力時の入力モードによっても挿入される文字が切り替わります。入力モードには、ローマ字入力（アルファベットを組み合わせて入力する方法）とかな入力（キーに表示されているかなを入力する方法）があります。初期設定では、ローマ字入力になっています。

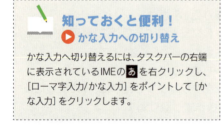

知っておくと便利！
▶ かな入力への切り替え

かな入力へ切り替えるには、タスクバーの右端に表示されているIMEの あ を右クリックし、［ローマ字入力/かな入力］をポイントして［かな入力］をクリックします。

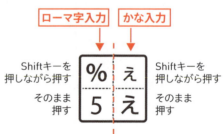

文字の削除

文字を削除するには、Delete キーまたは BackSpace キーを使用します。カーソルの位置により次のように使い分けます。

あ い さ つ を|を す る

カーソル

BackSpace キー
カーソルの前の文字を削除する

Delete キー
カーソルより後ろの文字を削除する

やってみよう ─ 文字を打ち分けて入力する

全角で「5％」と入力した後、すべての文字を削除しましょう。

1 文字を入力します。

❶「5」と入力し、Shift キーを押しながら「％」を入力する
❷ Enter キーを押して確定する

2 文字を削除します。

❶ BackSpace キーを押して文字を削除する

やってみよう ─ ひらがなを入力する

次の文字を入力しましょう。ここではローマ字入力にしています。

❶ A I U E O と入力する
❷ M I K A N N と入力する
❸ K I T T E と入力する
❹ K Y O U T O と入力する

> **ここがポイント！**
> ▶ 促音と拗音の入力
>
> 「きって」の「っ」のように「つまる音」を促音（そくおん）といいます。「っ」の後ろの文字の子音を2回押すか、L キーを付けて T U と入力します。「きょ」のように2文字の仮名で書き表すものを拗音（ようおん）といいます。K Y O と入力するか、「ょ」だけに L キーを付けて Y O と入力します。

知っておくと便利！
ローマ字／かな対応表

ローマ字入力は、かな入力に比べて日本語を入力する際に押すキーの数は多くなりますが、覚えるキーの数は少なく、数字や記号が入力しやすいといった利点があります。ローマ字入力で、どのキーを押すと、どの文字が入力されるかを一覧にまとめた「ローマ字かな対応表」をご利用ください。

ローマ字かな対応表

		A	I	U	E	O			A	I	U	E	O
あ行		あ A ぁ LA	い I ぃ LI	う U ぅ LU	え E ぇ LE	お O ぉ LO	や行 (Y)		や YA ゃ LYA		ゆ YU ゅ LYU		よ YO ょ LYO
か行 (K)		か KA きゃ KYA	き KI きぃ KYI	く KU きゅ KYU	け KE きぇ KYE	こ KO きょ KYO	ら行 (R)		ら RA りゃ RYA	り RI りぃ RYI	る RU りゅ RYU	れ RE りぇ RYE	ろ RO りょ RYO
さ行 (S)		さ SA しゃ SYA SHA	し SI SHI しぃ SYI	す SU しゅ SYU SHU	せ SE しぇ SYE SHE	そ SO しょ SYO SHO	わ行 (W)		わ WA	うぃ WI	う WU	うぇ WE	を WO
							ん (N)		ん NN	ん N			
た行 (T)		た TA ちゃ TYA CYA CHA	ち TI CHI ちぃ TYI CYI	つ TU TSU っ LTU ちゅ TYU CYU CHU	て TE ちぇ TYE CYE CHE	と TO ちょ TYO CYO CHO	が行 (G)		が GA ぎゃ GYA	ぎ GI ぎぃ GYI	ぐ GU ぎゅ GYU	げ GE ぎぇ GYE	ご GO ぎょ GYO
		てゃ THA	てぃ THI	てゅ THU	てぇ THE	てょ THO	ざ行 (Z)		ざ ZA じゃ ZYA JA	じ ZI JI じぃ ZYI	ず ZU じゅ ZYU JU	ぜ ZE じぇ ZYE JE	ぞ ZO じょ ZYO JO
な行 (N)		な NA にゃ NYA	に NI にぃ NYI	ぬ NU にゅ NYU	ね NE にぇ NYE	の NO にょ NYO	だ行 (D)		だ DA ぢゃ DYA	ぢ DI ぢぃ DYI	づ DU ぢゅ DYU	で DE ぢぇ DYE	ど DO ぢょ DYO
は行 (H)		は HA ひゃ HYA ふぁ FA	ひ HI ひぃ HYI ふぃ FI	ふ HU FU ひゅ HYU	へ HE ひぇ HYE ふぇ FE	ほ HO ひょ HYO ふぉ FO			でゃ DHA	でぃ DHI	でゅ DHU	でぇ DHE	でょ DHO
							ば行 (B)		ば BA びゃ BYA	び BI びぃ BYI	ぶ BU びゅ BYU	べ BE びぇ BYE	ぼ BO びょ BYO
ま行 (M)		ま MA みゃ MYA	み MI みぃ MYI	む MU みゅ MYU	め ME みぇ MYE	も MO みょ MYO	ぱ行 (P)		ぱ PA ぴゃ PYA	ぴ PI ぴぃ PYI	ぷ PU ぴゅ PYU	ぺ PE ぴぇ PYE	ぽ PO ぴょ PYO

1-5 文書を保存する・開く・閉じる

学習時間の目安 min　学習日・理解度チェック

月　　日　☐
月　　日　☐
月　　日　☐

文書の編集後にファイルを閉じてしまうと、編集内容は消えてしまいます。内容を記録するには、ファイル名を付けて保存します。保存した文書を再び使用するときは文書を開きます。また、使い終わった文書は閉じておきましょう。

ここでの学習内容

作成した文書を保存したり、既存の文書を開いたりする操作を学習します。おもに［ファイル］タブのコマンドを使用します。

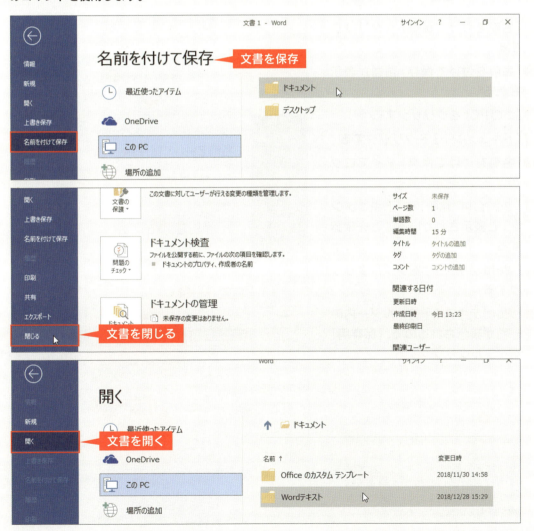

Chapter1　Wordを始めよう　27

文書の保存・開く・閉じる

文書を保存するには、保存場所を指定して、ファイル名を付けて保存します。保存してある文書を開くには、保存場所を指定してファイルを開いたり、最近使ったアイテムの一覧から選択することもできます。

やってみよう —文書を保存する

入力した文書を「Wordテキスト」フォルダーの「保存用」に、「練習」というファイル名を付けて保存しましょう。

1　1行目に数字を入力して、保存するフォルダーを指定します。

❶ 1行目に「123456789」と入力する
❷ [ファイル] タブをクリックする
❸ [名前を付けて保存] をクリックする
❹ [名前を付けて保存] 画面が表示される
❺ [この PC] をクリックする
❻ [ドキュメント] をクリックする
❼ [名前を付けて保存] ダイアログボックスが表示される
❽ 「ファイルの場所」に「ドキュメント」と表示されていることを確認する
❾ [Wordテキスト] をダブルクリックする
❿ [Wordテキスト] フォルダー内の一覧が表示されるので、[保存用] をダブルクリックする

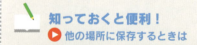

知っておくと便利！
▶ 他の場所に保存するときは

Wordの既定では、「ドキュメント」フォルダーが表示されます。その他の場所に保存する場合は、[名前を付けて保存] 画面の [参照] をクリックして [名前を付けて保存] ダイアログボックスを表示し、左側の一覧からPC内やネットワーク先などに保存先を切り替えて、保存することができます。

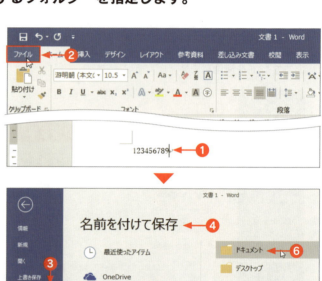

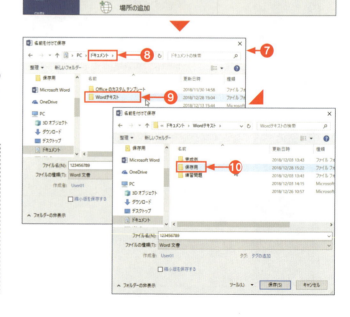

2 ファイル名を入力します。

① ファイルの場所が「Wordテキスト＞保存用」になったことを確認する
② ［ファイル名］ボックスをクリックし、「練習」と入力する
③ ［保存］をクリックする
④ 文書が保存され、タイトルバーに「練習」と表示される

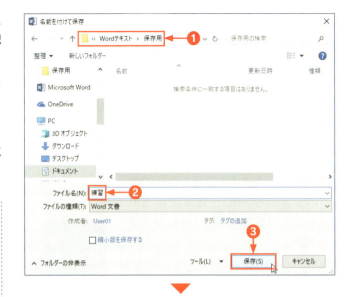

> **Word2013の場合**
>
> Word 2013の場合は、操作 1 の ⑤ で［コンピューター］をクリックし、⑥ で［最近使用したフォルダー］の［ドキュメント］をクリックします。［名前を付けて保存］ダイアログボックスが表示されるので、⑧ 以降の操作を行います。

やってみよう―ファイルを閉じる

Wordは起動したまま、現在のファイルだけを閉じましょう。

1 ファイルを閉じます。

① ［ファイル］タブをクリックする
② ［閉じる］をクリックする
③ Wordは起動したままファイルが閉じる

>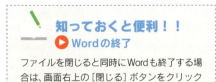
> **知っておくと便利！！**
> ▶ **Wordの終了**
>
> ファイルを閉じると同時にWordも終了する場合は、画面右上の［閉じる］ボタンをクリックします（20ページ参照）。

やってみよう —既存のファイルを開く

教材ファイル  教材1-5-1

「Wordテキスト」フォルダー内の教材ファイル「教材1-5-1.docx」を開きましょう。

1 ファイルが保存されているフォルダーを指定します。

❶ [ファイル] タブをクリックする
❷ [開く] 画面が表示される
❸ [このPC] をクリックする
❹ [Wordテキスト] をクリックする
❺ [Wordテキスト] フォルダーの中のフォルダーの一覧が表示されるので、[教材1-5-1] をクリックする

Word2013の場合
Word 2013場合は、❸で [コンピューター] を選択して [最近使用したフォルダー] の [ドキュメント] をクリックすると [ファイルを開く] ダイアログボックスが表示されるので、[Wordテキスト] フォルダーをダブルクリックして [Wordテキスト] フォルダーを開き❺の操作をします。

知っておくと便利！
▶ エクスプローラー画面から開く

Windowsのエクスプローラーの画面から目的のファイルアイコンをダブルクリックして直接ファイルを開くこともできます。

2 ファイルが開きます。

❶ ファイルが開かれる
❷ タイトルバーにファイル名が表示される

やってみよう ― ファイルを上書き保存する

ファイルに変更を加えた場合に、ファイルを最新の状態にするには「上書き保存」を行います。5行目の「創立50周年」を「創立60周年」に修正し、ファイルを上書き保存しましょう。

1 文書を上書き保存します。

❶ 5行目の「50」を「60」に修正する
❷ クイックアクセスツールバーの[上書き保存]ボタンをクリックする

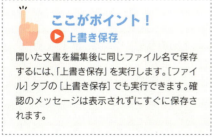

ここがポイント！
▶ 上書き保存

開いた文書を編集後に同じファイル名で保存するには、「上書き保存」を実行します。[ファイル]タブの[上書き保存]でも実行できます。確認のメッセージは表示されずにすぐに保存されます。

完成例ファイル 教材1-5-1（完成）

Chapter 1

練習問題

学習日・理解度チェック

　月　　日　☐
　月　　日　☐
　月　　日　☐

練習1-1

Wordの画面の名称を記入しましょう。

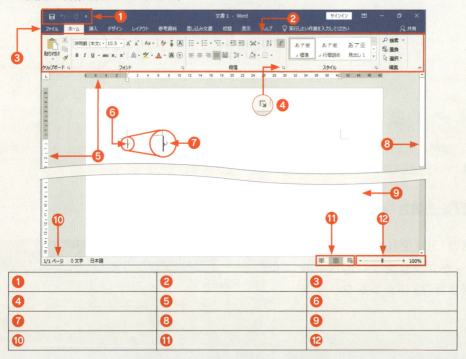

❶	❷	❸
❹	❺	❻
❼	❽	❾
❿	⓫	⓬

練習1-2

❶ 次のひらがなを入力しましょう。

```
はれ　あめ　くもり　ゆき　こさめ　あらし　たつまき
みかん　ばなな　りんご　なし　かき　もも　さくらんぼ　ぶどう
すいか　めろん　おれんじ　いちご　いちじく　れもん　すもも
かぼちゃ　とまと　はくさい　にんじん　にら　もやし　きゅうり
ふき　なす　さつまいも　いんげん　らっきょう　きゃべつ　ねぎ
```

❷ 次の数字や記号などを日本語入力オン（Word起動時の日本語入力の状態）で入力しましょう。

```
4$　8%　@380　100-99=1　23+56=79
¥580　<10:00～12:00>　"わたくし"　'あなた'
「ありがとう。」「こんにちは！」「げんき？」｛さくら｝
#あいうえお#　＊＊＊＊＊きりとりせん＊＊＊＊＊
```

Chapter 2

文字の入力

日本語入力システムIMEを使用して、日本語の入力や変換方法を学習します。読みのわからない字を検索したり、再変換機能などの便利な機能も用意されています。
また、範囲選択の方法や、文字の移動やコピーの方法も学習します。

2-1 いろいろな文字を入力する →34ページ

2-2 読みのわからない漢字を入力する →40ページ

2-3 文章を入力する →42ページ

2-4 文字を移動・コピーする →46ページ

2-1 いろいろな文字を入力する

日本語を入力するために、「日本語入力システム」が用意されています。Windowsでは、Microsoft IMEという日本語入力システムが最初から選ばれています。日本語入力システムの基本的な使い方を覚えましょう。

日本語入力システム

日本語入力システムのMicrosoft IME（以下IME）はタスクバーの右端の通知領域に あ アイコンで表示されています。Wordの起動時には、すぐに日本語が入力できますが、英字（アルファベット）をそのまま入力したいときなどはキーボードの 半角/全角 キーを押して日本語入力をオフに切り替えます。

Microsoft IMEのアイコンの表示
あ＝日本語入力オン
A＝日本語入力オフ

また、IMEの あ アイコンを右クリックすると表示されるメニューから各種の設定や入力する文字の種類の切り替えなどが行えます。

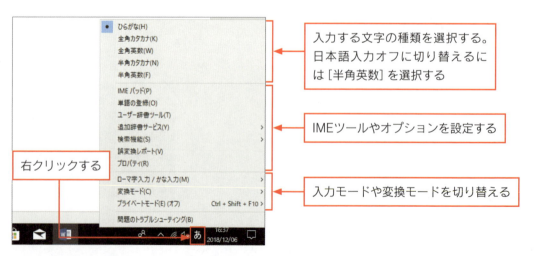

入力する文字の種類を選択する。日本語入力オフに切り替えるには［半角英数］を選択する

IMEツールやオプションを設定する

入力モードや変換モードを切り替える

右クリックする

漢字変換

漢字を入力するには、ひらがなで読みを入力し、スペースキー（または変換キー）を押します。目的の漢字が表示されない場合は、もう一度スペースキー（または変換キー）を押して表示される変換候補の一覧から選択します。

やってみよう―漢字を入力する

漢字の「講演」を入力しましょう。

1 読みを入力します。

❶ 読みを入力する

> **知っておくと便利！**
> ▶ 予測入力
>
> 読みを入力すると文字の下に自動的に語句の一覧が表示される場合があります。これはIMEの予測入力という機能です。詳細は次ページのヒントを参照してください。

2 漢字に変換します。

❶ スペースキー（または変換キー）を押す
❷ 漢字に変換される

3 変換候補の一覧から選択します。

❶ 再度スペースキー（または変換キー）を押す
❷ 変換候補の一覧が表示される
❸ スペースキー（または↓キー）を押して目的の漢字にハイライトを合わせる

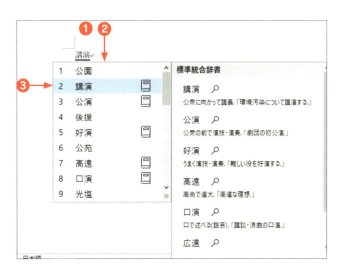

> **知っておくと便利！**
> ▶ 辞書機能
>
> 変換候補の一覧中に単語の右に 📖 が表示されている語句にハイライトを合わせると、単語の意味や使い方が表示されます。

4 確定します。

❶ [Enter] キーを押す

知っておくと便利！
▶ 予測入力の設定

予測入力とは、はじめの数文字を入力すると過去の入力履歴を表示し、一覧の中から語句を選択する機能です。必要に応じて予測入力をオフにしたり、設定を変更できます。IMEの アイコンを右クリックし、[プロパティ] を選択します。[Microsoft IME の設定] ダイアログボックスが表示されるので [入力履歴を使用する] チェックボックスでオン/オフを切り替えることができます。[入力履歴の消去] ボタンをクリックすると過去の入力履歴が削除されます。

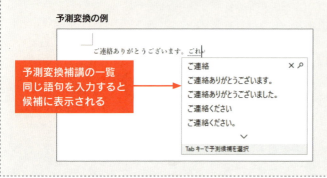

予測変換補講の一覧
同じ語句を入力すると候補に表示される

知っておくと便利！
▶ 変換候補の表示を増やす

変換候補が多数ある場合に、一覧の表示を広げて目的の漢字を探しやすくすることができます。変換候補を表示している状態で [Tab] キーを押します。縦1列だった表示が横方向に広がり、表示列数が増えます。再度 [Tab] キーを押すと元の表示（9候補の表示）に戻ります。

英字の入力

日本語の文章中に英字を入力するには、Shiftキーを押しながら先頭文字を入力すると、それ以降が半角英字で入力されます。文字を確定すると通常のひらがな入力に戻ります。

やってみよう ― 英字をすばやく入力する

半角英字の「Study」を入力しましょう。

1 英字を入力します。

❶ Shiftキーを押しながら先頭文字を入力する
❷ 大文字の英字が入力される
❸ 続きの文字を入力する（小文字の場合はShiftキーを離して、大文字の場合はShiftキーを押しながら入力）

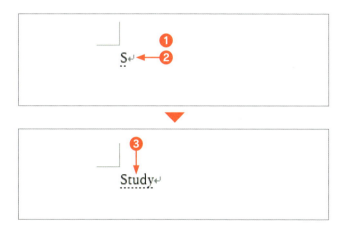

2 確定します。

❶ Enterキーを押す

 知っておくと便利！
▶ 英文の入力

英文を続けて入力する場合は、IMEの日本語入力をオフにして直接入力で入力したほうが便利です。

ファンクションキーによる変換

カタカナや英字は、読みを入力して スペース キー（または変換キー）で変換することができますが、ファンクションキーを利用するとすばやく変換できます。読みや英字のスペルを入力後に F6 から F10 を押すと次のように変換できます。

F6 キー	F7 キー	F8 キー	F9 キー	F10 キー
ひらがな	カタカナ	半角カタカナ	全角英数字	半角英数字

やってみよう ― カタカナを入力する

全角カタカナの「スキルアップ」を入力しましょう。

1 読みを入力します。

❶ 読みをひらがなで入力する

2 全角カタカナに変換します。

❶ F7 キーを押す
❷ 全角カタカナに変換される

3 確定します。

❶ Enter キーを押す

知っておくと便利！
▶ 英字の変換

英字の場合は、スペルどおりに入力して F10 キーを押します。F10 キーを押し続けると、半角英字の小文字→大文字→先頭文字だけ大文字のように順番に変換されます。F9 キーは全角英字が同様に変換されます。

記号の入力

キーボードにある記号はそのキーを押して入力します。それ以外の記号は、記号の読み（下記の「ポイント」参照）を入力して変換すると、漢字と同様に変換候補の一覧に表示されます。

やってみよう — 記号を入力する

記号の「※」を入力しましょう。

1 記号の読みを入力します。

❶ 読みの「こめ」を入力する

2 変換候補の一覧から記号を選択します。

❶ [スペース]キー（または[変換]キー）を2回押す
❷ 変換候補の一覧に記号も表示される
❸ [スペース]キー（または[変換]キー）を押して記号を選択する
❹ [Enter]キーを押して確定する

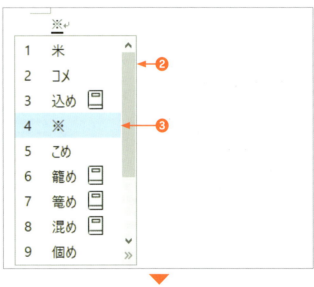

ここがポイント！
▶ 読みから変換できる記号

読みを入力して変換できる記号には、その他には以下のような記号があります。「きごう」と入力して変換すると記号の一覧から選択することもできます。

読み	変換できる記号	読み	変換できる記号
まる	○ ● ◎ ①などの丸数字	かぶ	㈱ ㈹
しかく	□ ■ ◇ ◆	おなじ	〃 々 ゞ ヾ
やじるし	→ ← ↑ ↓ ➡ ⇔	から	〜
たんい	℃ kg cm など	ゆうびん	〒

2-2 読みのわからない漢字を入力する

学習時間の目安 5 min　学習日・理解度チェック

文字の読みがわからないと変換することができませんが、IMEの機能を使うと、一覧から目的の漢字を選ぶことができます。

IMEパッドの利用

読みのわからない漢字を入力するには、IMEパッドを利用すると便利です。IMEパッドを起動してマウスで文字を描きます。

やってみよう──読みのわからない漢字を入力する

「糀」という文字を入力しましょう。

1　IMEパッドを起動します。

❶ IMEのアイコンを右クリックする
❷ [IMEパッド] をクリックする
❸ [IMEパッド-手書き] ウィンドウが表示される

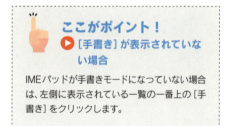

ここがポイント！
● [手書き] が表示されていない場合

IMEパッドが手書きモードになっていない場合は、左側に表示されている一覧の一番上の [手書き] をクリックします。

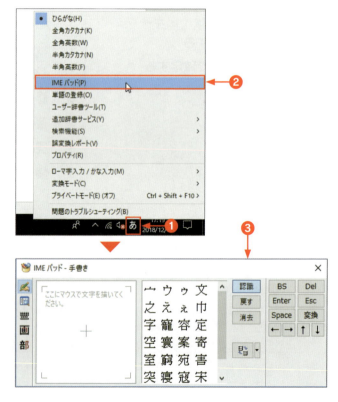

2 マウスで文字を描き、挿入します。

❶ 右側のエリアにドラッグして文字を描く
❷ 目的の漢字が表示されたらクリックする
❸ カーソルの位置に挿入される

3 文字を確定し、IMEパッドを終了します。

❶ [Enter]キーを押して文字を確定する
❷ [閉じる]ボタンをクリックする

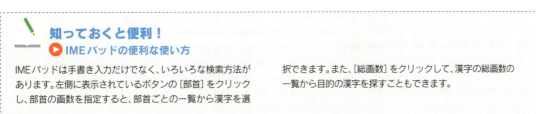

知っておくと便利！
▶ IMEパッドの便利な使い方

IMEパッドは手書き入力だけでなく、いろいろな検索方法があります。左側に表示されているボタンの[部首]をクリックし、部首の画数を指定すると、部首ごとの一覧から漢字を選択できます。また、[総画数]をクリックして、漢字の総画数の一覧から目的の漢字を探すこともできます。

2-3 文章を入力する

学習時間の目安 10 min

IMEで日本語変換すると、文節ごとの漢字かな混じりの文章に変換されます。正しく変換されない場合は、いろいろな方法で正しい文章に修正することができます。

文章の入力

IMEでは、文節を判断して変換します。文節とは単語や動詞から「は」「を」などの助詞までの文章の区切りのことです。変換すると、文字に下線が表示され、太下線は、現在変換の対象となっている注目文節を表します。→ キーや ← キーを押して注目文節を移動して、再変換できます。

やってみよう — 文章を変換する

「はんにんをそうさする」と入力して、「犯人を捜査する」に変換しましょう。

1 文章の読みを入力して変換します。

① 読みを入力する
② スペース キー（または 変換 キー）を押す
③ 文節ごとに変換される

犯人を操作する

2 注目文節を移動します。

① → キーを押す
② 右の文節に太下線が表示され、変換対象になる

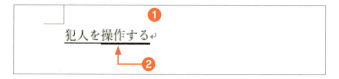

3 再度変換します。

① スペース キー（または 変換 キー）を押す
② 太下線の文節（注目文節）の箇所が変換される
③ 変換候補の一覧から選択する
④ Enter キーを押す

文節の区切り直し

変換したときに、文節の区切りが適切でなく他の文章に変換されることがあります。そのような場合は文節の区切り位置を直すことで正しい文章に変換できます。注目文節で、Shift キーを押しながら→キー、または←キーを押すと、文節を長く、または短くできます。

やってみよう ― 文節の区切りを変更する

「やまにはたけがある」と入力して、「山には竹がある」に変換しましょう。

1 文の読みを入力して変換します。

❶ 読みを入力する
❷ スペース キー（または 変換 キー）を押す
❸ 文節ごとに変換される

2 最初の文節を長くします。

❶「山に」が注目文節になっていることを確認する
❷ Shift キーを押しながら→キーを押す
❸ 文節が長くなる

3 再度変換します。

❶ スペース キー（または 変換 キー）を押す
❷ 変換候補の一覧から選択する
❸ Enter キーを押す

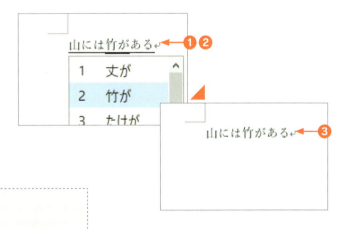

> **ここがポイント！**
> ▶ 文節を長くする
>
> Shift キーを押しながら→キー回押すごとに1文字ずつ文節が長くなります。文節の部分が青色で反転表示されるので確認ができます。

変換後の修正

変換後に読みの誤りに気づいた場合は、確定前なら Esc キーを押すと変換を取り消して修正することができます。また文字の確定後は、再変換機能を使用すると別の文字に変換できます。

やってみよう―読みを修正する

「めいしをにゅうりょくする」と入力して変換後に読みを修正し、「名簿を入力する」に変更しましょう。

1 文の読みを入力して変換します。

❶ 読みを入力する
❷ スペース キー（または 変換 キー）を押す
❸ 文節ごとに変換される

2 変換を取り消して、正しい読みを入力します。

❶ Esc キーを押す
❷ 最初の文節が読みのひらがなに戻る
❸ BackSpace キーまたは Delete キーで不要な文字を消す
❹ 正しい読みを入力する

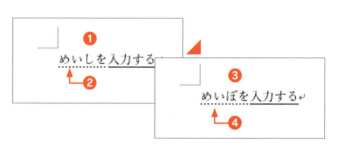

3 再度変換します。

❶ スペース キー（または 変換 キー）を押す
❷ Enter キーを押す

ここがポイント！
▶ 変換の取り消し

修正したい箇所がひらがなにならない場合は、再度 Esc キーを押します。ひらがなに戻った状態で Esc キーを押すと文字入力がキャンセルされてしまうので注意しましょう。

やってみよう ― 再変換機能を利用する

「かれのとくちょうは」と入力して「彼の特徴は」と変換して確定します。確定後に「特徴」を「特長」に再変換しましょう。

1 変換して文字を確定します。

❶ 読みを入力して変換し、「彼の特徴は」で確定する

2 変換したい文字列を選択し、再変換します。

❶ 再変換したい部分「特徴」の先頭をポイントし、マウスポインターが I の形状でドラッグし選択する
❷ スペース キー（または 変換 キー）を押す
❸ 変換候補の一覧が表示される

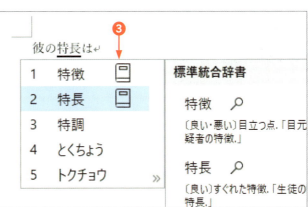

知っておくと便利！
▶ 再変換する文字列の選択

単語全体を選択していなくてもカーソルがある文節を再変換することができます。

3 変換候補の一覧から選択します。

❶ 一覧から「特長」を選択する
❷ Enter キーで確定する

Chapter2 文字の入力 45

2-4 文字を移動・コピーする

学習時間の目安 15 min　学習日・理解度チェック

月　日　☐
月　日　☐
月　日　☐

文書内で同じ語句が何度も出てくるときは、コピーを利用すると便利です。別の場所に入力した文章は移動すれば利用することができます。文字の移動やコピーは、「切り取り」「コピー」に「貼り付け」のコマンドを組み合わせて実行します。

ここでの学習内容

文字や行の範囲選択の方法と、入力したデータを移動、コピーする[切り取り][コピー]、[貼り付け]というコマンド（命令）を使用する方法について学習します。

- 文字単位の選択
- 行単位の選択
- [切り取り]/[貼り付け]コマンドで移動する
- [コピー]/[貼り付け]コマンドでコピーする

Windowsクリップボードを利用した移動とコピー

［切り取り］［コピー］［貼り付け］というコマンドを使用する方法では、Windowsの「クリップボード」という場所にデータが一時的に保存され、その中からデータが貼り付けられます。この方法では、WordだけでなくExcelなど別のアプリケーションにデータ（文字列、表、図形、画像など）を貼り付けることもできます。

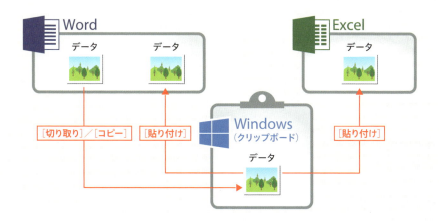

範囲選択の練習

文字列を移動したり、コピーするには、あらかじめ対象となる範囲を選択してから操作します。範囲選択には、文字単位、行単位、複数箇所の選択などがあります。

やってみよう—文字単位の選択

教材ファイル　教材2-4-1

教材ファイル「教材2-4-1.docx」を開き、範囲選択を練習しましょう。

1　「お花見会」を選択します。

❶ マウスポインターが I の状態で文字列の先頭からドラッグする
❷ 文字列が選択される

やってみよう ―行単位の選択

1行や、複数行を行単位で選択しましょう。

1 「拝啓」から始まる1行を選択します。

❶ 選択する行の左余白にマウスをポイントする
❷ マウスポインターが ⇗ の状態になる
❸ クリックする
❹ 行が選択される

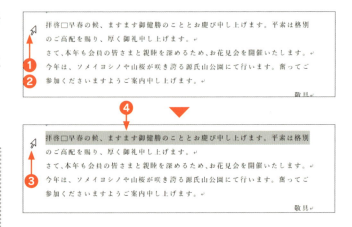

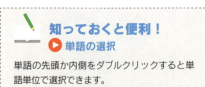

知っておくと便利！
▶ 単語の選択

単語の先頭か内側をダブルクリックすると単語単位で選択できます。

2 「拝啓」の行から複数の行を選択します。

❶ マウスポインターが ⇗ の状態で下方向にドラッグする
❷ 複数の行が選択される

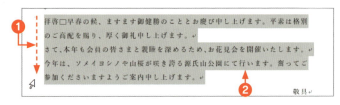

やってみよう ―選択の解除

選択を解除しましょう。

1 選択を解除します。

❶ 範囲選択とは別の箇所をクリックする
❷ 選択状態が解除される

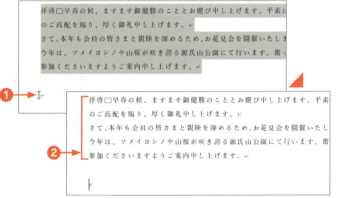

知っておくと便利！
▶ 複数箇所の選択

離れた範囲を同時に選択するには、最初の範囲を選択後、[Ctrl]キーを押しながら2箇所目以降の範囲を選択します。

文字列の移動やコピー

文字列を移動・コピーするコマンドは、[切り取り] [コピー] [貼り付け] の各ボタンを使用します。

やってみよう―行を移動する

教材ファイル 教材2-4-2

教材ファイル「教材2-4-2.docx」を開き、箇条書きの「集合時間：午前8時」の行を次の行に移動しましょう。

1 移動する行を選択します。

❶「集合時間…」の行を選択する
❷ [ホーム] タブの [クリップボード] グループの [切り取り] ボタンをクリックする

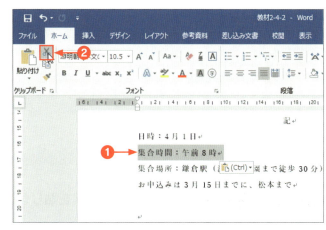

> **知っておくと便利！**
> ▶ [切り取り] / [コピー]、[貼り付け] のショートカットキー
>
> Ctrl + X キー（切り取り）
> Ctrl + C キー（コピー）
> Ctrl + V キー（貼り付け）
> ※「＋」は1つ目のキーを押しながら2つ目のキーを押すことを表します。

2 移動先にカーソルを移動し、切り取った文字を貼り付けます。

❶「集合時間」の行が切り取られる
❷ 移動先の「お申込みは」の行頭をクリックする
❸ [ホーム] タブの [クリップボード] グループの [貼り付け] ボタンをクリックする
❹ 文字列が貼り付けられる

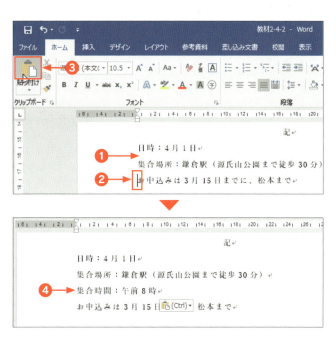

> **知っておくと便利！**
> ▶ マウスのドラッグ操作で移動・コピーする
>
> 移動するには、範囲選択内をポイントし、マウスポインターが の状態のまま、移動先にドラッグします。コピーするには、範囲選択内をポイントし、 の状態のまま、Ctrl キーを押しながらコピー先にドラッグします。

やってみよう―文字をコピーする

文字列「東京事務局」を「松本まで」の前にコピーしましょう。

1 コピーする文字を選択します。

❶ 3行目の「東京事務局」を文字単位で選択する
❷ [ホーム] タブの [クリップボード] グループの [コピー] ボタンをクリックする

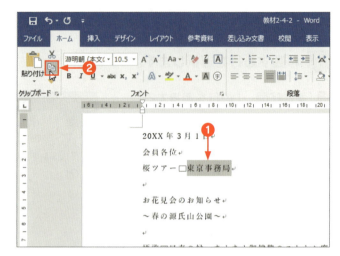

ここがポイント！
▶ 文字列のみ選択

文字列だけを選択する場合は、行の終わりにある段落記号を含めないように注意します。キーボードからは [Shift] キーを押しながら→キーと←キーで選択できます。

2 コピー先にカーソルを移動し、文字を貼り付けます。

❶ コピー先の「松本まで」の前をクリックする
❷ [ホーム] タブの [クリップボード] グループの [貼り付け] ボタンをクリックする
❸ コピーした文字列が貼り付けられる

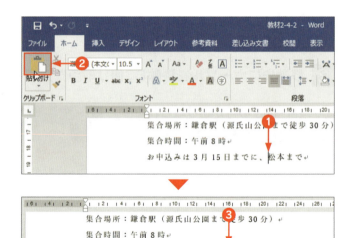

完成例ファイル 教材2-4-2（完成）

知っておくと便利！
▶ [貼り付けのオプション] ボタン

貼り付けの操作直後に表示される [Ctrl] [貼り付けのオプション] ボタンを使用すると、[元の書式を保持] [書式を結合] [図] [テキストのみ保持] の貼り付け方法を選択できます。貼り付ける際に、[ホーム] タブの [クリップボード] グループの [貼り付け] ボタンの▼をクリックしても同様に貼り付け方を選択できます。

Chapter 2

練習問題

学習日・理解度チェック
　月　　日　☐
　月　　日　☐
　月　　日　☐

練習2-1

❶ 白紙から文書を作成し、次の漢字を入力しましょう。

町　　街　　糸　　意図　解答　回答　医師　意思　生花　成果
聖歌　展開　転回　天海　生産　精算　期間　帰還　器官
関心　歓心　以上　異常　特徴　特長　紹介　照会　商会
宴会　沿海　時点　辞典　事典　保障　保証　補償　規制
寄生　帰省　冗談　上段　出勤　出金　直す　治す　丸い
円い　四角　資格　引く　弾く　観る　見る　診る　収める
治める　超える　越える　検討　健闘

❷ 次のカタカナを入力しましょう。

リサイクル　　リユース　　リデュース　　プリンター　テレフォン　インク
アメリカ　　ヨーロッパ　オセアニア　インド　　スイス　　ユナイテッド
ベンジャミン　ココア　　ミルク　コーヒー　モカ　キリマンジャロ　ハーブ

❸ 次の英字を、半角英字と全角英字を区別しながら入力しましょう。

Sport　JAZZ　Hot　Cool　ICE　cafe　wave　sky　MUSIC　Friend
Mother　Father　Sister　earth　moon　SUN　Ｗｏｒｌｄ　ＯＫ　ＰＣ
ＹＯＵ　ＭｙＬｉｆｅ　ＤＶＤ　ＴＶ　ＵＰ　ＤＯＷＮ　ＳＭＩＬＥ

❹ 次の単語を入力しましょう。

貴社　弊社　当社　ご盛栄　ご清祥　お慶び　各位　平素　格別　御礼　御中
拝啓　敬具　顧客　ご愛顧　前略　草々　恐縮　記　以上　賜わり　承り
株式会社　開催　頭語　結語　式典　敬称　代表取締役　申請　経理

❺ 次の四字熟語を入力しましょう。

臨機応変　不言実行　以心伝心　危機一髪　起死回生　前代未聞　責任転嫁
心機一転　明朗活発　自画自賛　大器晩成　無我夢中　適材適所　四面楚歌

❻ 次の記号を入力しましょう。

♪　☆　★　○　●　×　÷　◎　■　◆　⑤　⑳　〒　←　→　↓
↑　㈱　㈲　㈹　℃　㎡　〜　〆　【】　≪≫　『』　々　〃　Ⅰ　Ⅱ　Ⅲ
Ⅳ　Ⅴ　Ⅵ　Ⅶ　Ⅷ　Ⅸ　Ⅹ　α　℡

❼ 次の文字を、IMEパッドを利用して入力しましょう。

什　邯　廿　黍　鑢　橦　葦

ここがポイント！
▶ 記号の入力

〆は「しめ」、≪≫や『』は「かっこ」、αは「あるふぁ」、℡は「でんわ」、で変換できます。

Chapter2　文字の入力

練習2-2

❶ 白紙から文書を作成し、次の文章を入力しましょう

本日、社内の人事異動が発表された。
本社営業部の移転のため、FAX番号が変わります。
来週のプレゼンテーションの資料を作成中です。
この用紙をシュレッダーしておいてください。
例のPCの御見積書を至急お送りください。
E-Mailアドレスに御請求書が届いていました。
宅配便の不在通知がポストに入っていました。

❷ 次の＜変換前＞の文を入力し、再変換機能を使用して、＜変換後＞の文に変更しましょう。

＜変換前＞	＜変換後＞
文章を構成する	文章を校正する
売上を集計する	売上を週計する
食器を製作する	織機を制作する
彼は雲が嫌いです	彼は蜘蛛が嫌いです
講義を聴く	抗議を聞く

❸ 次の文章を、文節の区切り位置に気を付けて入力しましょう。

今日は医者に行きます。
今日歯医者に行きます。
入口で履物を脱いでください。
入口では着物を脱いでください。
走るのは止めましょう。
走るの速めましょう。
だいぶ使いました。
大仏買いました。

❹ 次の文章を入力しましょう。

来週、海外へ旅行するので、旅行先で怪我や病気になっても安心できるように、保険に入ることを決めました。念のため、体に問題がないかどうか今日は医者へ行って診てもらってきます。

○○市の実施する特保検診にて、受診を希望する方は、○○市検診実施医療機関に直接、お電話でお申し込みをお願いいたします。受診の際には、健康保険証をお持ちください。

皆さま、日頃より、多大なるご厚意をいただき、ありがとうございます。
スタッフ一同、心より、感謝しております。

【弊社提供のポイントサービスについてのお知らせ】
サービスの内容、条件が頻繁に変更されることから、当社では加算の有無・加算率・ポイント数などのご質問はご対応できかねます。

Chapter 3

文書の表示

文書のレイアウトを設定したり、表示方法を変更して効率的に作業する方法を学習します。
文書の分量や内容に合わせてウィンドウを分割表示したり、最適な画面の表示モードに切り替えて効率よく作業ができます。

3-1 ページのレイアウトを設定する →54ページ

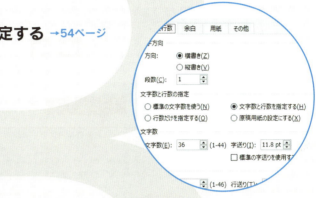

3-2 文書の表示方法を変更する →57ページ

3-3 クイックアクセスツールバーにボタンを表示する →62ページ

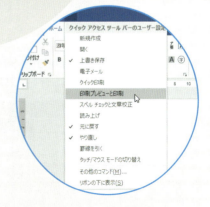

3-1 ページのレイアウトを設定する

学習時間の目安 学習日・理解度チェック

月　日　☐
月　日　☐
月　日　☐

新規の文書ウィンドウは、標準では、用紙サイズがA4、用紙の向きが縦になっています。B5、横向きなど他の用紙のレイアウトを使う場合は、ページ設定を変更します。

ここでの学習内容

用紙サイズや用紙の向き、余白、1行の文字数や1ページの行数、縦書き、横書きなどの用紙のレイアウト設定について学習します。

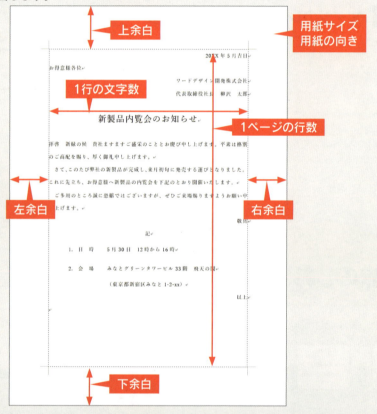

個別のページ設定は、[レイアウト] タブの [ページ設定] グループの [余白] [印刷の向き] [サイズ] の各ボタンを使用します。[ページ設定] ダイアログボックスを使用して設定することもできます。

ページ設定

複数の項目をまとめて設定したり、[レイアウト] タブの [ページ設定] グループにはない設定を行うには、[ページ設定] ダイアログボックスを使用します。ページ設定は文書を入力する前に行います。新しい文書を開いて、ページ設定を指定しましょう。現在の文書とは別に新しい文書ウィンドウを表示するには、[ファイル] タブの [新規] 画面から [白紙の文書] をクリックします。

やってみよう―新しい文書ウィンドウを表示する

新規の白紙の文書ウィンドウを表示しましょう。

1 [新規] 画面から文書ウィンドウを表示します。

❶ [ファイル] タブをクリックする
❷ [新規] をクリックする
❸ [白紙の文書] をクリックする

2 新しい文書ウィンドウが表示されます。

❶ 白紙の文書ウィンドウが表示される
❷ タイトルバーに「文書2」と表示される

> **ここがポイント！**
> ▶ 新しい文書名
>
> タイトルバーの「文書○」の○の部分に表示される数字は開いている文書の数によって異なります。

やってみよう — ページ設定をまとめて変更する

この文書ウィンドウのページ設定を、上余白「30mm」、文字数「36」、行数「25」に変更しましょう。

1 [ページ設定] ダイアログボックスを表示します。

❶ [レイアウト] タブをクリックする
❷ [ページ設定] グループの [ダイアログボックス起動ツール] をクリックする

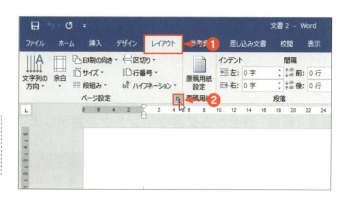

> **Word2013の場合**
> ❶は[ページレイアウト]タブをクリックします。

2 余白と文字数、行数を設定します。

❶ [ページ設定] ダイアログボックスが表示される
❷ [余白] タブをクリックする
❸ [上] ボックスの▼をクリックするか、「30」と入力する
❹ [文字数と行数] タブをクリックする
❺ [文字数と行数を指定する] ボタンをクリックする
❻ [文字数] ボックスの▼をクリックするか、「36」と入力する
❼ [行数] ボックスの▼をクリックするか、「25」と入力する
❽ [OK] ボタンをクリックする
❾ ページ設定が変更される

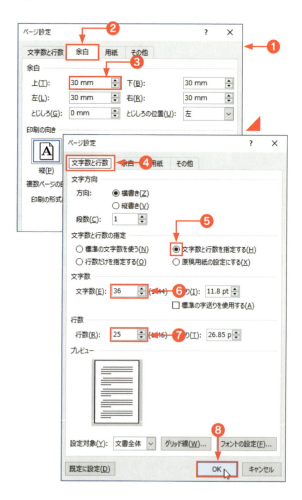

>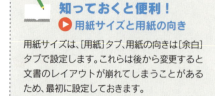
> **知っておくと便利！**
> ▶ 用紙サイズと用紙の向き
>
> 用紙サイズは、[用紙] タブ、用紙の向きは [余白] タブで設定します。これらは後から変更すると文書のレイアウトが崩れてしまうことがあるため、最初に設定しておきます。

3-2 文書の表示方法を変更する

学習時間の目安 15 min　学習日・理解度チェック

Wordでは、画面に文書を表示する際の表示の仕方を切り替えることができます。さまざまな表示方法があるので、文書の編集内容に合わせた最適な表示モードを選択して作業ができます。

ここでの学習内容

文書の表示を変更する機能を学習します。表示倍率の指定、表示モードの切り替え、ウィンドウの分割などがあります。

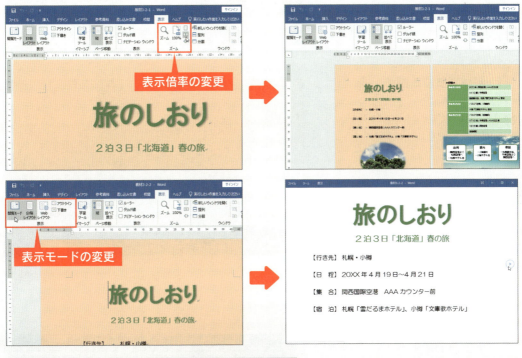

表示倍率の変更

画面の表示倍率は、10%から500%の範囲内で拡大または縮小ができます。ステータスバーにあるズームを使用すると細かく表示倍率を調整できます。[表示]タブを使用すると複数ページを表示したり、ページ幅に合わせて表示するなど、ボタンをクリックするだけすぐに変更できます。

やってみよう―表示倍率を変更する

教材ファイル　教材3-2-1

教材ファイル「教材3-2-1.docx」を開き、表示倍率を変更しましょう。

1 表示倍率を130%で表示します。

❶ ステータスバーのズームスライダーの[拡大]を3回クリックする
❷ 文書が130%の表示倍率で表示される

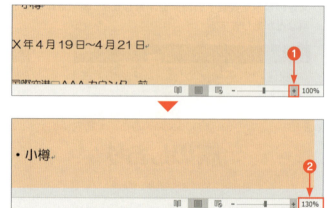

知っておくと便利！
▶ ズーム

[Ctrl]キーを押しながらマウスのホイールを前後に回しても拡大縮小ができます。

2 複数ページを表示します。

❶ [表示]タブをクリックする
❷ [ズーム]グループの[複数ページ]ボタンをクリックする
❸ 1画面に複数のページが表示される

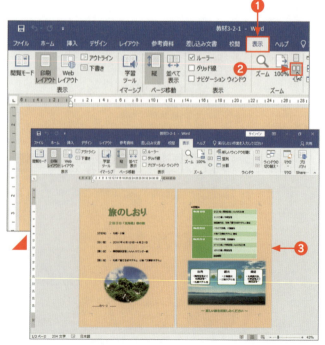

ここがポイント！
▶ 複数ページの表示

[複数ページ]ボタンをクリックしたときに表示されるページ数は画面の解像度により異なります。

3 表示倍率を戻します。

❶ [表示] タブの [ズーム] グループの [100%] ボタンをクリックする
❷ 100%の表示倍率に戻る

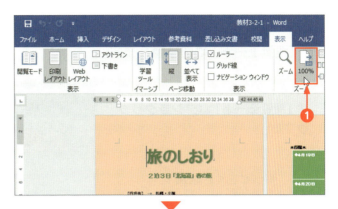

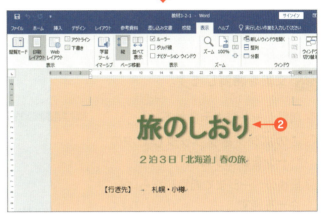

知っておくと便利！
▶ 並べて表示

[表示] タブの [ページ移動] グループの [並べて表示] ボタンをクリックすると、2ページ分が見開きのように表示されます。3ページ以上の文書では左右のスクロールバーやマウスのホイール操作で本のように左から右、右から左のページへ表示を切り替えられます。[縦] ボタンをクリックすると通常の上下方向へのスクロールに戻ります。

文書の表示モード

初期値では、画面の表示は、[印刷レイアウト] が選択されています。作成する文書の種類や用途に合わせて、次の5種類の表示モードに変更することができます。[表示] タブのボタンやステータスバーを使用して切り替えます。

印刷レイアウト	印刷したときとほぼ同じイメージで表示する、初期状態で選択されているモードです。全体を確認しながら文書作成ができます。
閲覧モード	リボンが非表示になり、文書が読みやすいように大きく表示します。文書の編集はできません。
Webレイアウト	Webページのレイアウトで文書を表示します。Webページを作成するときに使用します。
アウトライン	文書に設定した見出しレベルごとに折り畳んだり、展開したりして、文書の構成を確認できます。
下書き	ページのレイアウトが簡略化され、図形や図などは非表示になります。画面のスクロールが高速で文字入力に適したモードです。

やってみよう —表示モードを変更する

 教材3-2-2

教材ファイル「教材3-2-2.docx」を開き、「閲覧モード」に切り替えて文書を閲覧しましょう。

1 [閲覧モード]に切り替えます。

❶ [表示]タブの[表示]グループのの[閲覧モード]ボタンをクリックする

知っておくと便利！
▶ 閲覧モード

ステータスバーの右側の [閲覧モード]ボタンをクリックしても切り替えできます。

2 文書を閲覧します。

❶ 閲覧モードで表示される
❷ このボタンをクリックして次のページを表示する
❸ 最後のページまで閲覧したら[Esc]キーを押す
❹ 印刷レイアウト表示に戻る

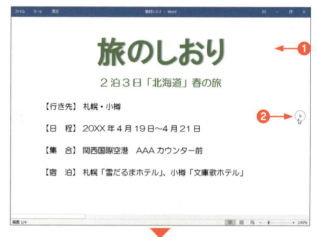

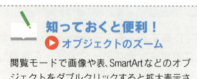

知っておくと便利！
▶ オブジェクトのズーム

閲覧モードで画像や表、SmartArtなどのオブジェクトをダブルクリックすると拡大表示され、確認ができます。[Esc]キーで解除できます。

知っておくと便利！
▶ 閲覧モードのコマンド

閲覧モードでは、リボンの代わりにメニューバーが表示されます。[ファイル]をクリックすると[ファイル]タブの内容が表示されます。また、[表示]をクリックした一覧から[列幅][レイアウト]などを選択して閲覧モードのレイアウトを変更できます。[文書の編集]をクリックすると、元の表示モードに戻ります。

ウィンドウの分割

分割バーを使用すると、文書ウィンドウを上下に2分割して同じ文書内の別の箇所を表示することができます。

やってみよう — ウィンドウを分割する

教材ファイル 教材3-2-3

ウィンドウを分割します。教材ファイル「教材3-2-3.docx」を開き、1ページ目と2ページ目の図を上下のウィンドウに表示しましょう。

1 分割バーを表示します。

❶ [表示] タブの [ウィンドウ] グループの [分割] ボタンをクリックする
❷ 分割バーが表示される
❸ 下のウィンドウのスクロールバーを下方にドラッグする
❹ 2ページ目の図を表示する

知っておくと便利！
▶ 分割の位置

分割バーをドラッグすると上下のウィンドウの大きさを変更することができます。

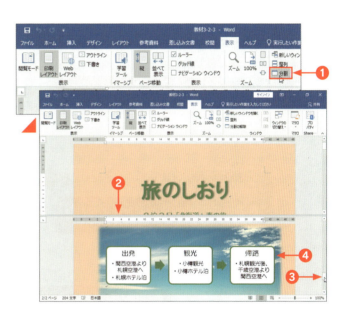

2 分割バーを解除します。

❶ [表示] タブの [ウィンドウ] グループの [分割の解除] ボタンをクリックする
❷ 分割バーが解除され、ウィンドウが1つに戻る

知っておくと便利！
▶ 分割バーの解除

分割バーをダブルクリックしても分割バーを解除できます。

Chapter3　文書の表示　61

3-3 クイックアクセスツールバーにボタンを表示する

学習時間の目安 10 min　学習日・理解度チェック

月　日　☐
月　日　☐
月　日　☐

クイックアクセスツールバーには、初期値では3種類（上書き保存、元に戻す、繰り返し）のボタンが表示されています。ここには別のボタンを表示させることもできます。クイックアクセスツールバーは常に画面に表示されているので、よく使用するコマンドを登録しておくと便利です。

ここでの学習内容

クイックアクセスツールバーにコマンドボタンを登録する操作を学習します。2種類の方法があります。

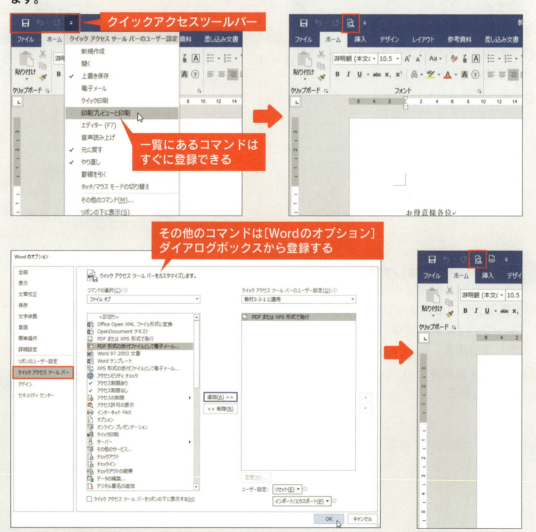

クイックアクセスツールバーの登録

［クイックアクセスツールバーのユーザー設定］ボタンをクリックして表示される一覧にあるコマンドはクリックして選択すれば、すぐに登録できます。その他のコマンドは、［Wordのオプション］ダイアログボックスを使用します。Word起動時に表示されるだけでなく、特定のファイルを開いたときだけボタンが表示されるように設定することもできます。

やってみよう — クイックアクセスツールバーに追加する

教材ファイル 教材3-3-1

教材ファイル「教材3-3-1.docx」を開き、［クイックアクセスツールバーのユーザー設定］の一覧から「印刷プレビューと印刷」ボタンを追加しましょう。

1 クイックアクセスツールバーのユーザー設定の一覧から追加します。

❶［クイックアクセスツールバーのユーザー設定］ボタンをクリックする
❷ 一覧が表示される
❸ 一覧から［印刷プレビューと印刷］をクリックする

2 クイックアクセスツールバーにコマンドボタンが追加されます。

❶［印刷プレビューと印刷］ボタンが追加される

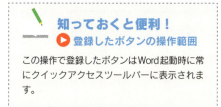

この操作で登録したボタンはWord起動時に常にクイックアクセスツールバーに表示されます。

Chapter3　文書の表示

やってみよう ― 一覧以外のコマンドを追加する

[ファイル]タブにある「PDFまたはXPS形式で発行」のコマンドを、この文書を開いた時にだけ表示されるようにクイックアクセスツールバーに登録しましょう。

1 その他のコマンドを登録します。

❶ [クイックアクセスツールバーのユーザー設定] ボタンをクリックする

❷ 一覧の [その他のコマンド] をクリックする

2 「PDFまたはXPS形式で発行」のコマンドを登録します。

❶ [Wordのオプション] ダイアログボックスが表示される

❷ [コマンドの選択] の▼をクリックし、[ファイルタブ] をクリックする

❸ [PDFまたはXPS形式で発行] をクリックする

❹ [クイックアクセスツールバーのユーザー設定] の▼をクリックし、[教材3-3-1に適用] をクリックする

❺ [追加] をクリックする

❻ [PDFまたはXPS形式で発行] がすぐ下のボックスに追加される

❼ [OK] ボタンをクリックする

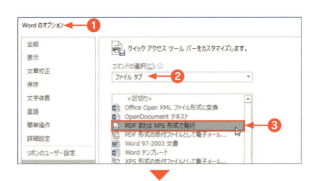

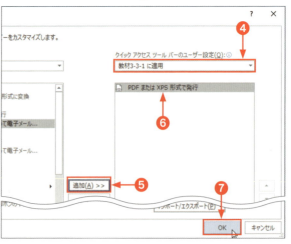

3 クイックアクセスツールバーにボタンが追加されます。

❶ [PDF または XPS 形式で発行] ボタンが追加される

やってみよう — クイックアクセスツールバーからコマンドを削除する

最初に登録した「印刷プレビューと印刷」ボタンを削除しましょう。[クイックアクセスツールバーのユーザー設定]の一覧から選択したコマンドは同様に一覧内をクリックするだけで削除できます。ここでは、どのボタンでも削除できる方法で削除します。

1 ショートカットメニューを表示して削除します。

❶ [印刷プレビューと印刷] ボタンを右クリックする
❷ [クイックアクセスツールバーから削除] をクリックする

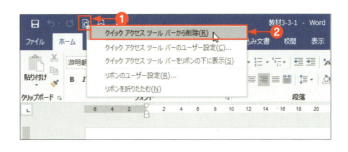

2 ボタンが削除されます。

❶ ボタンが削除される

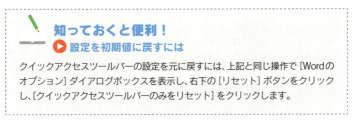
完成例ファイル 教材3-3-1（完成）

知っておくと便利！
▶ 設定を初期値に戻すには

クイックアクセスツールバーの設定を元に戻すには、上記と同じ操作で [Word の オプション] ダイアログボックスを表示し、右下の [リセット] ボタンをクリックし、[クイックアクセスツールバーのみをリセット] をクリックします。

知っておくと便利！
▶ ビジネス文書の書き方

ビジネス文書には社外文書と社内文書があります。一般的な社外文書は横書きで、「前付け」「本文」「付記」の三部で構成されます。社内文書は、発信者名の社名は不要です。前文（頭語、時候の挨拶）を省略して用件がすぐに伝わる簡潔な文書にします。

社外文書の例

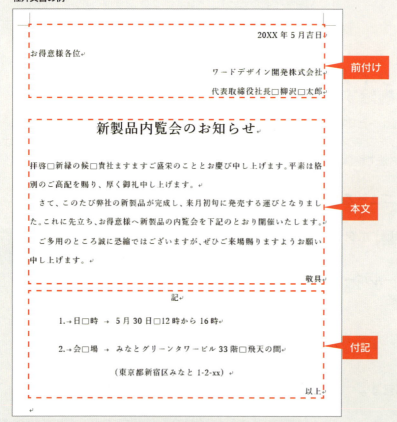

前付け
前付けには、文書番号や発信日、宛名、発信者名を記述します。文書番号は、内容や会社によっては記入しない場合もあります。宛名の社名や役職名は省略せずに、敬称を付けます。敬称とは、会社名には「御中」、個人名には「様」、複数の宛名には「お客様各位」のように「各位」を付けることです。宛先以外は右揃えに配置します。

本文
本文にはタイトルや用件を記述します。「拝啓」などの頭語から書き始め、「敬具」などの頭語と対になる結語を末尾に入れます。Wordでは、入力オートフォーマット機能がオンになっている場合、頭語を入力して Enter キーまたは スペース キーを押すと自動的に結語が右揃えで挿入されます。
また、[あいさつ文] ダイアログボックスを使用すると、社外文書に欠かせないビジネスの定型文を一覧から選択するだけで挿入することもできます（69ページのステップアップ！参照）。

付記
付記には、詳細や補足事項を「記」と「以上」の間に箇条書きで記述します。

Chapter 3 練習問題

学習日・理解度チェック

月　日　□
月　日　□
月　日　□

練習3-1

白紙の文書から次の文書を作成して、「保存用」フォルダーに保存し、文書を閉じましょう。ファイル名は「練習3-1」とします。

ページ設定：用紙サイズB5、左余白・右余白25mm、文字数30字、行数25行
※文書中の数字はすべて全角で入力します。

```
２０ｘｘ年５月１０日
社員

総務部□小山田三郎

新入社員歓迎会のお知らせ

今年度の新入社員歓迎会を下記の要領で開催いたします。
業務を調整の上、ご参加ください。
なお、各課で参加人数を取りまとめの上、５月２１日までに総務部
までご連絡ください。
　　　　　　　　　　　　　記
日時 →　２０ｘｘ年５月２３日□午後６時～午後８時
場所 →　大皿料理「わいわい」渋谷大通り店
会費 →　２，０００円（会社負担あり）

※新入社員は会費無料です。

　　　　　　　　　　　　　　　　　　　以上
```

「社員」の後ろに敬称を次から選んで入力する
「御中・様・各位・担当」

完成例ファイル　練習3-1（完成）

ここがポイント！
▶ 編集記号

[ホーム]タブの[段落]グループの[編集記号の表示/非表示]ボタンをオンにして入力してください。文書内のは空白の編集記号、は Tab キーを押して挿入するタブの編集記号を表しています。

知っておくと便利！
▶ 自動で位置が変更される機能

「記」と入力すると中央に配置され、自動的に「以上」が右揃えの位置に入力されます。これはWordの入力オートフォーマットという自動で設定される便利な機能です。

練習3-2

「保存用」フォルダーから練習3-1で保存した「練習3-1.docx」を開き、次のように編集しましょう。

発信日を「5月8日」、歓迎会日時を「5月31日（金）」に、会費を「1,500円」に修正します。「保存用」フォルダーにファイル名「練習3-2」で保存します。

完成例ファイル　練習3-2（完成）

練習3-3

白紙の文書から次の文書を作成して、「保存用」フォルダーに保存しましょう。ファイル名は「練習3-3」とします。

ページ設定：用紙サイズA4、余白は既定のまま、文字数30字、行数30行
※文書中の数字はすべて半角で入力します。

```
20xx年 6月1日
南北ファッション株式会社
営業部□細田太志　　　　　　後ろに敬称を次から選んで入力する
　　　　　　　　　　　　　　御中・様・各位・担当
東京ワードモード株式会社
営業部長□東京太郎
販売店定例会議＜7月度＞のお知らせ

拝啓□初夏の候□貴社ますますご繁栄のこととお慶び申し上げます。　次ページの「ステップアップ！」を参考にして、
平素は格別のお引き立てを賜り、ありがたく厚く御礼申し上げます。　あいさつ文を入力する
さて、7月度の販売店定例会議を下記のとおり開催いたします。
お忙しいこととは存じますが、万障お繰り合わせの上、ご参加くだ
さいますようお願い申し上げます。
　　　　　　　　　　　　　　　　　　　　　　　　　　敬具

　　　　　　　　　　　　　　　記

日□時　→　7月10日□午後2時～4時
場□所　→　本社30階□大会議室

　　　　　　　　　　　　　　　　　　　　　　　　　　以上

※各販売店の代表者2名でご出席ください。欠席の場合は、前日ま
でにご連絡ください。
```

完成例ファイル　練習3-3（完成）

ステップアップ！
あいさつ文の入力

[あいさつ文] ダイアログボックスを使用すると、文例の一覧から選択するだけで、ビジネス用のあいさつ文を挿入できます。[あいさつ文] ダイアログボックスは、[挿入] タブの [テキスト] グループの [あいさつ文] ボタンをクリックし、[あいさつ文の挿入] をクリックします。[あいさつ文] ダイアログボックスが表示されたら [月のあいさつ] [安否のあいさつ] [感謝のあいさつ] のそれぞれの一覧から選択して、[OK] をクリックします。選択した文章は表示された各ボックス内で修正することもできます。

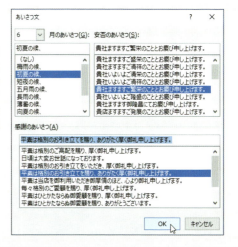

練習3-4

「練習問題」フォルダーの「練習3-4.docx」を開き、次の操作をしましょう。

❶ [閲覧モード] に変更し、最後のページまで閲覧します。

❷ 表示を [印刷レイアウト] に戻し、画面の表示倍率を「80%」にします。

❸ ウィンドウを分割し、上のウィンドウに「目次」を表示し、下のウィンドウに3ページ目の「★皆様の声より」を表示します。

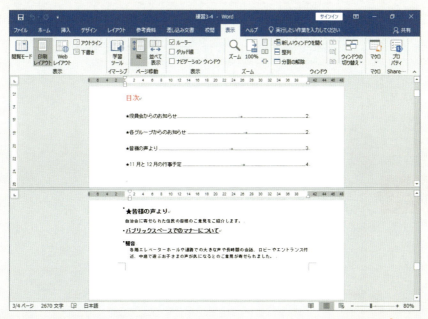

❹ ウィンドウの分割を解除します。

❺ 文書を閉じます。

練習3-5

白紙の文書から次の文書を作成して、「保存用」フォルダーに保存しましょう。ファイル名は「練習3-5」とします。

ページ設定：用紙サイズA4、余白と文字数は既定のまま、行数25行
※文書中の数字はすべて半角で入力します。

❶ 「PDFまたはXPS形式で発行」コマンドを、この文書を開いたときだけクイックアクセスツールバーに表示されるように設定し、文書を上書き保存します。

❷ クイックアクセスツールバーの「PDFまたはXPS形式で発行」コマンドを実行します。確認後は文書を閉じます。

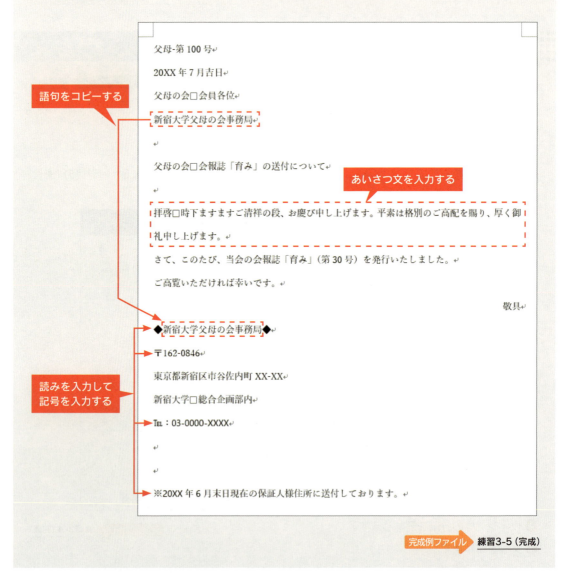

Chapter 4

文書の編集

入力した文字列を読みやすい文書に仕上げるために、さまざまな編集機能が用意されています。文字を装飾したり、段落の位置を変更したり、行の間隔を整えたりして、完成した文書は印刷のイメージを確認してから印刷します。

4-1 文字書式を設定する →72ページ

4-2 文字を装飾する →80ページ

4-3 文字の配置を変更する →86ページ

4-4 箇条書きや段落番号を設定する →92ページ

4-5 文字や行の間隔を設定する →96ページ

4-6 文書を印刷する →101ページ

4-1

学習時間の目安 15 min　学習日・理解度チェック

月　日　☐
月　日　☐
月　日　☐

文字書式を設定する

フォント（文字の書体）やフォントサイズ、文字飾りなどは変更することができます。これらを「文字書式」といいます。文字書式を上手に設定するとメリハリのある読みやすい文書ができます。

ここでの学習内容

おもな文字書式は［ホーム］タブの［フォント］グループのボタンから設定できます。複数の文字書式をまとめて設定したい場合やボタンが表示されてない機能は、［フォント］ダイアログボックスを使用します。ここでは、よく使用される基本の文字書式を学習します。

- フォントを変更する
- フォントサイズを変更する
- フォントの色を変更する
- 文字の効果を設定する
- 太字、斜体、下線を設定する

フォントやフォントサイズの設定

文字の書体をフォントといい、既定のフォントから文書のイメージに合わせたフォントに変更できます。フォントサイズは、pt（ポイント）という単位で指定され、既定は10.5ptです。必要に応じて拡大や縮小ができます。

やってみよう ― フォントとフォントサイズを変更する

教材ファイル 教材4-1-1

教材ファイル「教材4-1-1.docx」を開き、タイトルのフォントサイズを24pt、フォントをHGP創英角ポップ体に変更しましょう。

1 フォントサイズを変更します。

❶ 5行目の「お花見会のお知らせ」を選択する
❷ [ホーム] タブの [フォント] グループの [フォントサイズ] ボックスの▼をクリックする
❸ [24] をクリックする
❹ フォントサイズが変更される

知っておくと便利！　▶ フォントサイズの単位

フォントサイズの単位はpt（ポイント）です。
1ポイントは約0.35mmです。

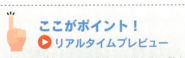
ここがポイント！　▶ リアルタイムプレビュー

ボタンやボックスの▼をクリックした一覧をポイントすると、選択箇所が書式を適用した状態で表示されます。画面でイメージを確認してからクリックして選択できます。

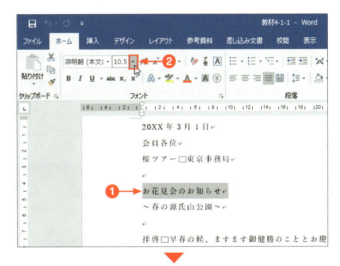

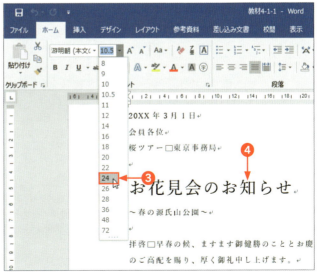

Chapter4　文書の編集　73

2 フォント（書体）を変更します。

❶「お花見会のお知らせ」を選択した状態のまま［ホーム］タブの［フォント］グループの［フォント］ボックスの▼をクリックする

❷［HGP創英角ポップ体］をクリックする

❸ フォントが変更される

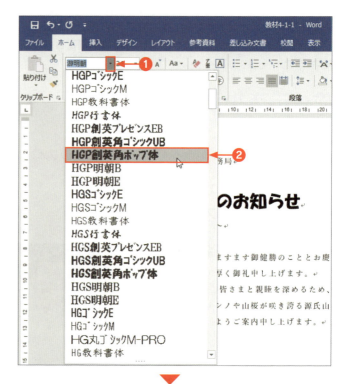

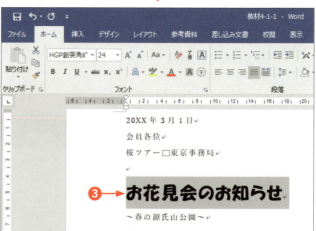

完成例ファイル　教材4-1-1（完成）

知っておくと便利！
▶ よく使用するフォントの表示

［フォント］ボックスの▼をクリックして表示される一覧の［最近使用したフォント］には、それまでに使用したフォントが履歴で表示されています。よく使用するフォントは、フォントの一覧をスクロールして探さなくても［最近使用したフォント］の一覧からすばやく選択できます。

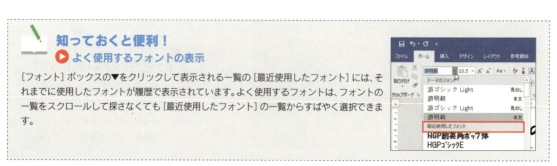

フォントの色と強調表示

文字書式には多数の種類があります。フォントの色を変更したり、太字や斜体、下線を設定して、文字を強調することができます。

やってみよう―フォントの色を変更する

教材ファイル　教材4-1-2

教材ファイル「教材4-1-2.docx」を開き、タイトルのフォントの色を［テーマの色］の［緑、アクセント6］に変更しましょう。

1 フォントの色を変更します。

❶ 5行目の「お花見会のお知らせ」を選択する

❷ ［ホーム］タブの［フォント］グループの［フォントの色］ボタンの▼をクリックする

❸ ［テーマの色］の［緑、アクセント6］（一番上、右端）をクリックする

❹ 選択を解除してフォントの色が変更されたことを確認する

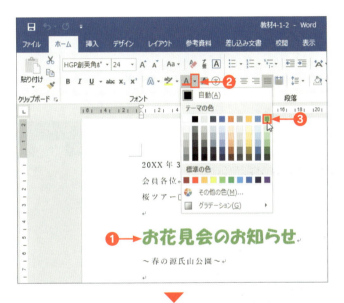

知っておくと便利！
▶ フォントの色

［フォントの色］ボタンの左側のアイコンの色は前回設定した色に変更されます。アイコン部分をクリックすると前回と同じ色が付きます。フォントの色を元の黒色にするには、[A▼]［フォントの色］ボタンの▼をクリックして表示される一覧の［自動］をクリックします。

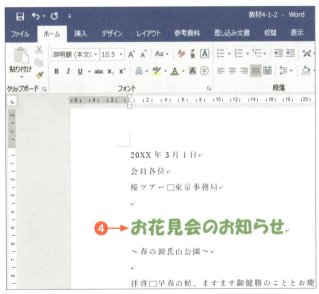

やってみよう─文字を強調する

19行目の「3月15日までに」の文字に太字、斜体、一重下線を設定しましょう。

1 文字を太字にします。

❶ 19行目の「3月15日までに」を選択する
❷ [ホーム] タブの [フォント] グループの [太字] ボタンをクリックする
❸ 太字が設定される

> **知っておくと便利！**
> ▶ [太字] のショートカットキー
> Ctrl キーを押しながら B キーを押しても太字を設定できます。

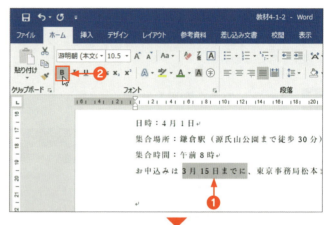

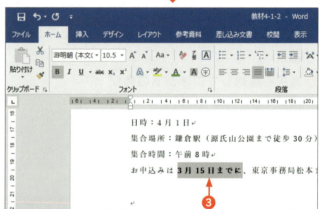

2 文字を斜体にします。

❶ 「3月15日までに」を選択した状態のまま、[ホーム] タブの [フォント] グループの [斜体] ボタンをクリックする
❷ 斜体が設定される

> **知っておくと便利！**
> ▶ [斜体] のショートカットキー
> Ctrl キーを押しながら I キーを押しても斜体を設定できます。

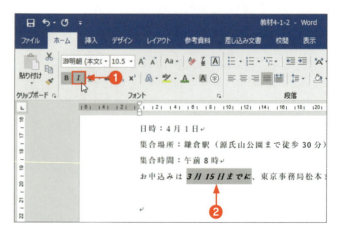

3 文字列に下線を設定します。

❶「3月15日までに」を選択した状態のまま [ホーム] タブの [フォント] グループの [下線] ボタンをクリックする

❷ 一重下線が引かれる

知っておくと便利！
▶ 下線の種類

[下線] ボタンの▼をクリックすると、他の種類の下線を選択できます。また、[下線の色] をポイントして表示される一覧から下線の色を選択することもできます。

ここがポイント！
▶ 太字、斜体、下線の解除

太字、斜体、下線の書式は、同じボタンをクリックすると解除することができます。

完成例ファイル　教材4-1-2（完成）

ステップアップ！
▶ その他の文字書式の一括設定

[フォント] グループにはよく利用する文字書式が表示されていますが、ここにない文字飾りを設定したり、複数の書式を一度に設定したい場合は、[フォント] ダイアログボックスの [フォント] タブを使用します。[フォント] ダイアログボックスは [ホーム] タブの [フォント] グループの [ダイアログボックス起動ツール] をクリックすると表示されます。選択した書式は [プレビュー] で確認できます。[OK] ボタンをクリックすると書式が設定されます。

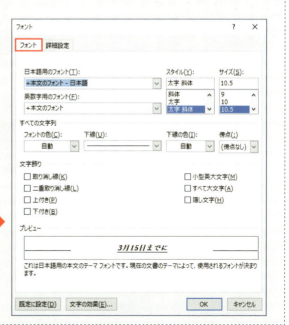

Chapter4　文書の編集

文字の効果

文字の効果を使用するとデザイン性のある文字列に変更したり、影や光彩などの視覚効果を設定できます。

やってみよう ― 文字の効果を設定する

教材ファイル ▶ 教材4-1-3

教材ファイル「教材4-1-3.docx」を開き、6行目の「～春の源氏山公園～」にオレンジ色の塗りつぶしの文字の効果を設定し、フォントサイズを16ptに変更しましょう。

1 文字の効果の一覧から選択します。

❶ 6行目の「～春の源氏山公園～」を選択する
❷ [ホーム] タブの [フォント] グループの [文字の効果] ボタンをクリックする
❸ 文字の効果の一覧から [塗りつぶし：オレンジ、アクセントカラー2；輪郭：オレンジ、アクセントカラー2] をクリックする

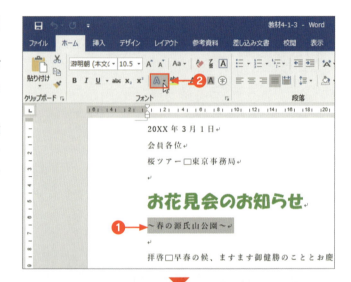

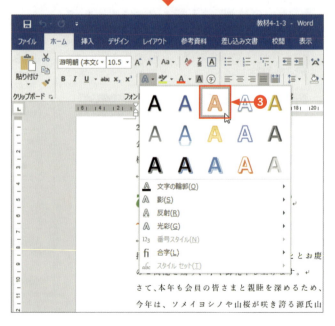

2 文字の効果が設定されます。

❶ 文字の効果が設定される

3 フォントサイズを変更します。

❶ ［ホーム］タブの［フォント］グループの［フォントサイズ］ボックスの▼をクリックする
❷ ［16］をクリックする
❸ フォントサイズが変更される

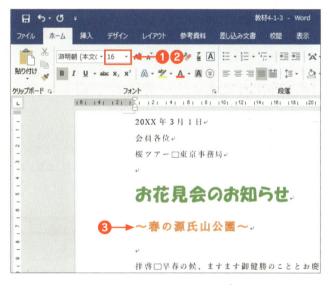

完成例ファイル　教材4-1-3（完成）

知っておくと便利！
▶ **文字の効果**

［文字の効果］ボタンの一覧では、上記の操作以外に、文字の輪郭の色を指定したり、影や反射、光彩といった効果を追加することができます。リアルタイムプレビューに対応しているので、設定後のイメージを確認しながら選択できます。

Chapter4　文書の編集

4-2 文字を装飾する

学習時間の目安 15 min

Wordには、ワープロソフトならではの役立つ文字書式も用意されています。これらの機能も[ホーム]タブのボタンから簡単に設定することができます。

ここでの学習内容

ここでは、均等割り付け、ルビ、囲い文字といった知っておくと便利な書式を学習します。

20xx年7月1日
受講者各位

ブレッドアカデミースクール
担当：小柳津□聖子　　**← 文字にルビをふる**
（おやいづ　しょうこ）

セミナー受講のご案内

このたびは、当スクールの講座にお申し込みいただき、ありがとうございます。
下記のコースに決定いたしましたので、ご案内いたします。
なお、今回の講座は応募者多数のため、抽選とさせていただきました。ご希望に添えない場合もございますが、何卒ご了承くださいますようお願い申し上げます。

記　　**← 文字の均等割り付けを設定する**

講　座　名 → クロワッサンコース
受　講　期　間 → 8月1日～8月31日□午前10時～12時
会　　　　場 → 当学院3階3B教室
持　ち　物 → エプロン、筆記用具

※別紙の確認書の㊞欄にご捺印の上、受付にご提出ください。　　**← 囲い文字を作成する**

以上

文字の均等割り付け

均等割り付けとは、文字列を指定した文字数分に均等に配置する機能です。箇条書きなどで、上下の段落の文字幅を揃えて読みやすくする場合などに使用します。

――均等割り付けを設定する　　　教材ファイル 教材4-2-1

教材ファイル「教材4-2-1.docx」を開き、箇条書きの項目に5字分の均等割り付けを設定しましょう。

1　[文字の均等割り付け] ダイアログボックスを表示します。

❶ 均等割り付けを設定する文字列を選択する
❷ 2箇所目以降は Ctrl キーを押しながら選択する
❸ [ホーム] タブの [段落] グループの [均等割り付け] ボタンをクリックする

> **ここがポイント！**
> ▶ 均等割り付けの選択範囲
>
> 文字に均等割り付けを設定する場合は、↵段落記号は含まないように選択します。段落記号まで選択して均等割り付けを実行すると、文字が行全体に均等に配置されます。

2　割り付ける文字数を指定します。

❶ [文字の均等割り付け] ダイアログボックスが表示される
❷ ▲をクリックして「5字」にする
❸ [OK] ボタンをクリックする

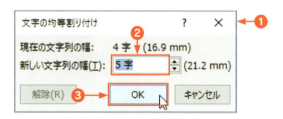

> **ここがポイント！**
> ▶ [新しい文字列の幅] ボックス
>
> [新しい文字列の幅] ボックスの単位は「字」が表示されていますが、その他にpt、mm、cmなどの単位を指定することができます。ボックス内の数値に続けて単位を入力します。

2 均等割り付けが設定されます。

❶ 5字分の均等割り付けが設定されたことを確認する

ここがポイント！
▶ 均等割り付けの解除

均等割り付けを解除するには、文字列を選択して[均等割り付け]ダイアログボックスを表示し、[解除]ボタンをクリックします。

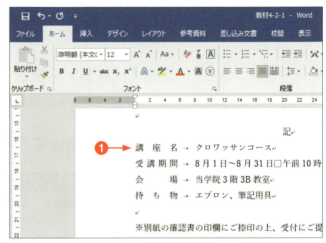

完成例ファイル ▶ 教材4-2-1（完成）

文字のルビ

文字の上にふりがなを表示する機能を「ルビ」といいます。読みを指定したり、ルビのフォントやフォントサイズ、配置を設定することもできます。

やってみよう ─ ルビを設定する

教材ファイル ▶ 教材4-2-2

教材ファイル「教材4-2-2.docx」を開き、5行目の「小柳津　聖子」にルビとして「おやいづ　しょうこ」を挿入しましょう。ルビのサイズは8pt、文字列との間隔は2ptにします。

1 [ルビ]ダイアログボックスを表示します。

❶ ルビを設定する文字列を選択する

❷ [ホーム]タブの[フォント]グループの[ルビ]ボタンをクリックする

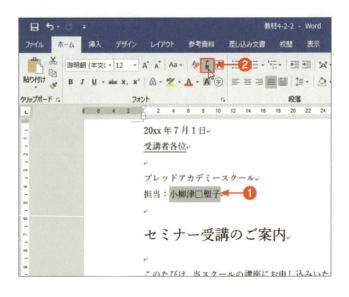

2 ルビを指定します。

❶ [ルビ] ダイアログボックスが表示される
❷ 必要に応じてルビを修正する
❸ 文字とルビの空きを指定する
❹ ルビのフォントサイズを指定する
❺ [OK] ボタンをクリックする

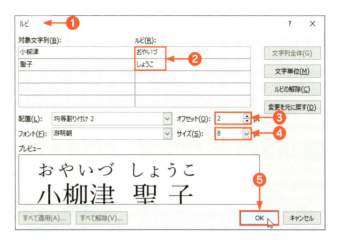

ここがポイント！
▶ オフセット

文字とルビの間隔は [オフセット] ボックスで指定します。1ptは約0.35mmの空きになります。文字とルビが近づきすぎて読みにくくなる場合に指定します。

3 ルビが挿入されます。

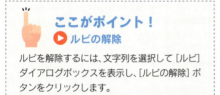

❶ ルビが表示される

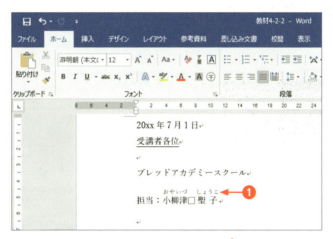

ここがポイント！
▶ ルビの解除

ルビを解除するには、文字列を選択して [ルビ] ダイアログボックスを表示し、[ルビの解除] ボタンをクリックします。

完成例ファイル ▶ 教材4-2-2 (完成)

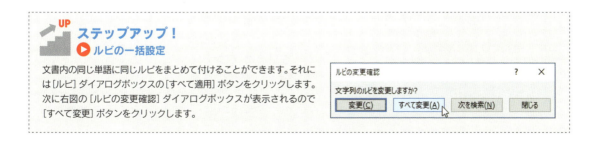

ステップアップ！
▶ ルビの一括設定

文書内の同じ単語に同じルビをまとめて付けることができます。それには [ルビ] ダイアログボックスの [すべて適用] ボタンをクリックします。次に右図の [ルビの変更確認] ダイアログボックスが表示されるので [すべて変更] ボタンをクリックします。

囲い文字

文字を〇や◇などの図形で囲む機能を「囲い文字」といいます。囲い文字を使用すると、印鑑の㊞や注意を促す⚠などを作成できます。全角1文字または半角2文字までの文字を囲い文字として作成できます。

やってみよう―囲い文字を作成する

教材ファイル　教材4-2-3

教材ファイル「教材4-2-3.docx」を開き、21行目の文字列「印」を〇で囲まれた囲い文字にしましょう。

1 [囲い文字]ダイアログボックスを表示します。

❶ 囲い文字にする文字列を選択する
❷ [ホーム]タブの[フォント]グループの[囲い文字]ボタンをクリックする

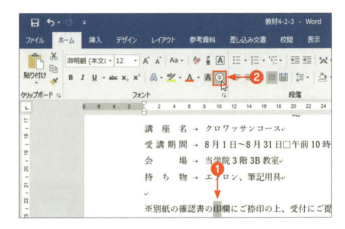

2 囲い文字のスタイルを選択します。

❶ [囲い文字]ダイアログボックスが表示される
❷ [文字のサイズを合わせる]をクリックする
❸ 囲い文字の図形を選択する
❹ [OK]ボタンをクリックする

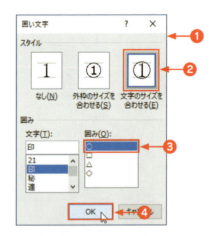

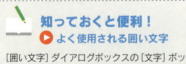
知っておくと便利！
▶ よく使用される囲い文字

[囲い文字]ダイアログボックスの[文字]ボックスの一覧にはよく使用される囲い文字が表示されています。この一覧にあるものは文字を選択していなくても、挿入することができます。

ここがポイント！
▶ 囲み文字のサイズ

[外枠のサイズを合わせる]は囲みの図形まで含めた部分がフォントサイズとなるため文字が小さくなります。[文字のサイズを合わせる]を選択しましょう。

3 囲い文字が設定されます。

❶ 選択した文字が囲い文字になる

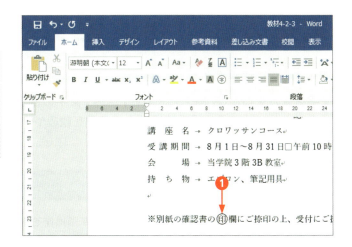

> **ここがポイント！**
> ▶ 囲い文字の解除
>
> 囲い文字を解除するには文字列を選択し、[囲い文字] ダイアログボックスを表示し、[スタイル] の [なし] を選択します。

完成例ファイル　教材4-2-3（完成）

知っておくと便利！
▶ その他の文字書式

[ホーム] タブの [フォント] グループには、その他にも便利な書式のボタンがあります。

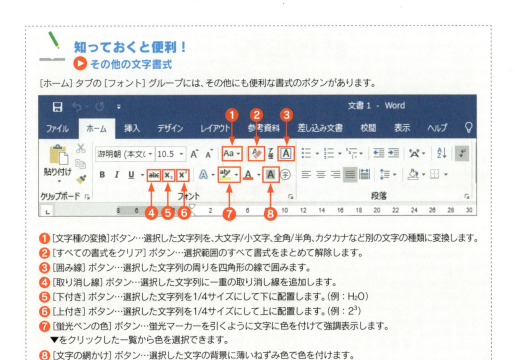

❶ [文字種の変換] ボタン…選択した文字列を、大文字/小文字、全角/半角、カタカナなど別の文字の種類に変換します。
❷ [すべての書式をクリア] ボタン…選択範囲のすべて書式をまとめて解除します。
❸ [囲み線] ボタン…選択した文字列の周りを四角形の線で囲みます。
❹ [取り消し線] ボタン…選択した文字列に一重の取り消し線を追加します。
❺ [下付き] ボタン…選択した文字列を1/4サイズにして下に配置します。(例：H_2O)
❻ [上付き] ボタン…選択した文字列を1/4サイズにして上に配置します。(例：2^3)
❼ [蛍光ペンの色] ボタン…蛍光マーカーを引くように文字に色を付けて強調表示します。
　▼をクリックした一覧から色を選択できます。
❽ [文字の網かけ] ボタン…選択した文字の背景に薄いねずみ色で色を付けます。

知っておくと便利！
▶ 複数の書式を解除するには

複数の書式が設定されている場合に、すべての書式をまとめて解除することができます。範囲を選択して [ホーム] タブの [フォント] グループの [すべての書式をクリア] ボタン (上記の❷) をクリックします。ただし、[蛍光ペンの色] や [ルビ] など一部解除できない書式もあります。

Chapter4　文書の編集　85

4-3 文字の配置を変更する

学習時間の目安 15 min

学習日・理解度チェック
月　日　□
月　日　□
月　日　□

文字を入力すると、左揃えで入力されます。文字の位置は段落の中央や右端に変更することができます。また、行の先頭を字下げして文章を読みやすくしたり、行内の文字を好みの位置に揃えたりすることもできます。

ここでの学習内容

文字の配置を変更し、より読みやすい文書にする操作を学習します。文字の配置を変更するには、中央揃えや右揃え、インデントの機能を使用します。

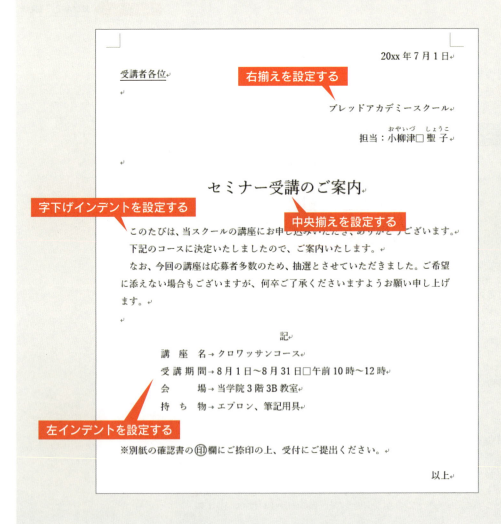

文字の配置

文字の配置を変更するには、[ホーム]タブの[段落]グループのボタンを使用します。初期設定は左右の余白より内側に文字を配置する「両端揃え」です。文字の配置は段落全体に対して行う書式なので「段落書式」といいます。

やってみよう — 右揃えにする

教材ファイル　教材4-3-1

教材ファイル「教材4-3-1.docx」を開き、1行目と4～5行目の段落を右揃えにしましょう。

1 複数箇所を選択し、右揃えにします。

① 配置を変更する行を選択する
② [Ctrl]キーを押しながら行単位で選択する
③ [ホーム]タブの[段落]グループの[右揃え]ボタンをクリックする

知っておくと便利！
▶ [右揃え]のショートカットキー

[Ctrl]キーを押しながら[R]キーを押しても右揃えを設定できます。

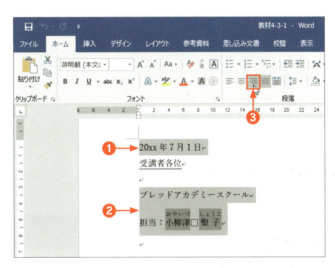

2 段落が右揃えになります。

① 選択範囲を解除して右揃えになったことを確認する

ここがポイント！
▶ 配置の解除

配置を変更後に元の両端揃えに戻すには、[両端揃え]ボタンをクリックするか、再度、[右揃え]ボタンをクリックします。

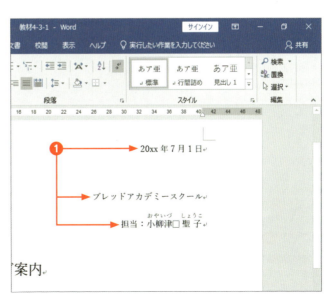

やってみよう──中央揃えにする

7行目のタイトルを中央揃えにしましょう。

1 段落を選択し、中央揃えにします。

❶ 段落内にカーソルを移動する
❷ [ホーム] タブの [段落] グループの [中央揃え] ボタンをクリックする

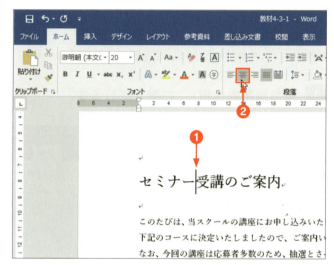

> **知っておくと便利！**
> ▶ [中央揃え] の
>   ショートカットキー
> Ctrl キーを押しながら E キーを押しても中央揃えを設定できます。

2 段落が中央に配置されます。

❶ 段落全体が中央に配置される

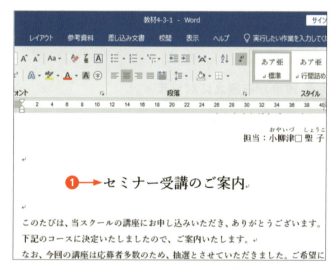

完成例ファイル 教材4-3-1（完成）

> **知っておくと便利！**
> ▶ 段落の選択
> 複数の段落を選択するには、左余白をポイントし、↗でクリックしたり、ドラッグして選択します。1つの段落の場合は、段落内にカーソルを置くだけで操作できます。

インデントの設定

インデントとは、段落の左端または右端の位置を揃える機能です。段落の左端は左インデント、1行目のインデント、ぶら下げインデントの3通りの設定ができます。インデントは、リボンのボタンから設定したり、ダイアログボックスを表示して数値で設定したりなどの複数の方法があります。

やってみよう—左インデントを設定する

教材ファイル ▶ 教材4-3-2

教材ファイル「教材4-3-2.docx」を開き、箇条書きの段落に5字分の左インデントを設定しましょう。

1 リボンのボタンを使用して左インデントを設定します。

❶ インデントを設定する段落を選択する
❷ [ホーム] タブの [段落] グループの [インデントを増やす] ボタンを5回クリックする

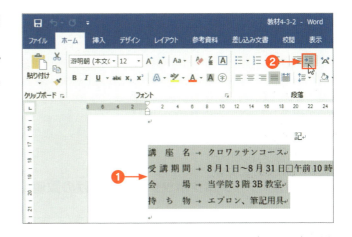

2 段落に左インデントが設定されます。

❶ 選択範囲を解除して5字分の左インデントが設定されたことを確認する

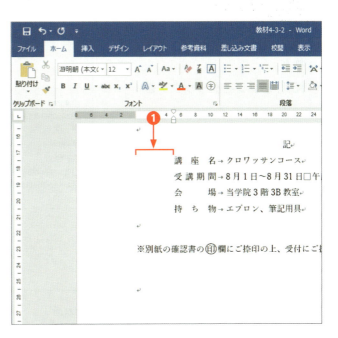

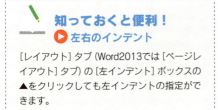

知っておくと便利！ ▶ 左右のインデント

[レイアウト] タブ (Word2013では [ページレイアウト] タブ) の [左インデント] ボックスの▲をクリックしても左インデントの指定ができます。

ここがポイント！ ▶ 左インデントの解除

左インデントを解除するときは、すぐ左にある [インデントを減らす] ボタンをクリックします。

Chapter4　文書の編集

やってみよう―1行目のインデント設定する

本文の段落に1行目のインデントを設定しましょう。1行目のインデントは、字下げインデントとも言います。[段落] ダイアログボックスを使用すると、1字分の字下げが正確に設定できます。

1 [段落] ダイアログボックスを表示します。

❶ インデントを設定する段落を選択する
❷ [ホーム] タブの [段落] グループの [ダイアログボックス起動ツール] をクリックする

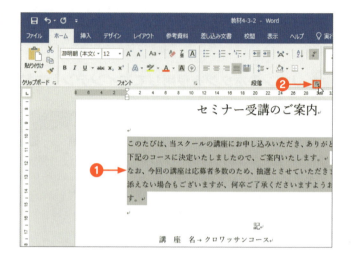

2 [段落] ダイアログボックスで字下げの数値を指定します。

❶ [段落] ダイアログボックスが表示される
❷ [最初の行] ボックスの▼をクリックし、[字下げ] をクリックする
❸ [幅] ボックスに「1字」と表示される
❹ [OK] ボタンをクリックする

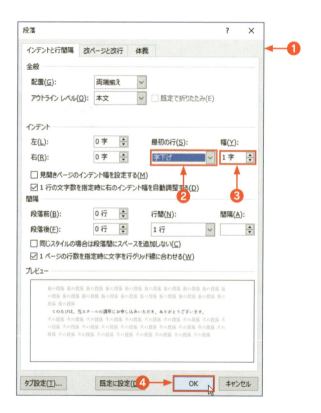

3 段落に字下げインデントが設定されます。

❶ 選択範囲を解除して字下げインデントが設定されたことを確認する

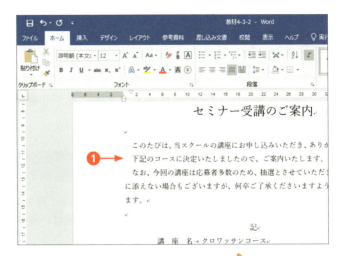

完成例ファイル　教材4-3-2（完成）

知っておくと便利！
▶ ぶら下げインデント

ぶら下げインデントとは、段落の2行目以降の左端の位置を指定する機能です。次のような文章の時に使用します。[段落] ダイアログボックスの [最初の行] ボックスで指定するか、ぶら下げインデントマーカーで設定します。

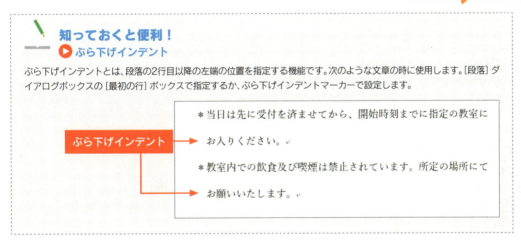

知っておくと便利！
▶ インデントマーカー

ルーラーに表示されているインデントマーカーをドラッグしてもインデントの設定ができます。他の文章との位置を揃える場合などに目で確認しながら細かくインデントが設定できます。

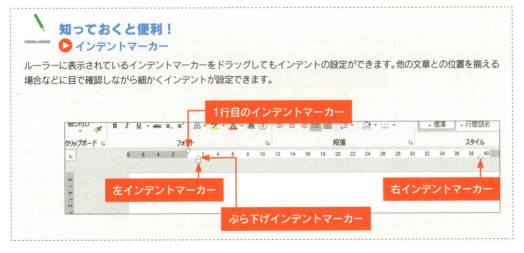

4-4 箇条書きや段落番号を設定する

学習時間の目安 10 min

箇条書きの先頭に記号や番号を追加することができます。あとから段落を追加したり、削除したりすると番号は自動的に振り直しされます。

ここでの学習内容

行頭に記号を挿入する機能を「箇条書き」、連続する番号を挿入する機能を「段落番号」といいます。ここではこれらの機能を学習します。記号や番号はいろいろな種類から選択することができます。

箇条書きの行頭文字を挿入する

- 講 座 名
- 受 講 期 間
- 会 　 　 場
- 持 ち 物

段落番号を挿入する

A) 講 座 名 　 クロワッサンコース
B) 受 講 期 間 　 8月1日～8月31日 午前10時～12時
C) 会 　 　 場 　 当学院3階3B教室
D) 持 ち 物 　 エプロン、筆記用具

箇条書き

箇条書きは、[ホーム] タブの [段落] グループの [箇条書き] ボタンから設定します。ボタンをクリックすると、初期値の「●」が挿入されます。▼をクリックして表示される一覧から他の記号を選択することができます。

やってみよう—箇条書きを設定する

教材ファイル ▶ 教材4-4-1

教材ファイル「教材4-4-1.docx」を開き、16行目から19行目（「記」と「以上」の間）の段落の行頭に「❖」を挿入しましょう。

1 箇条書きの一覧を表示します。

❶ 箇条書きを設定する段落を選択する
❷ [ホーム] タブの [段落] グループの [箇条書き] ボタンの▼をクリックする

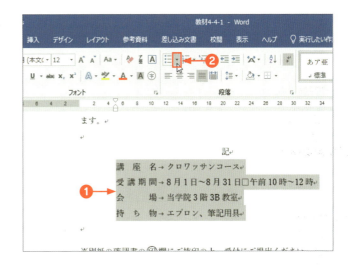

2 箇条書きの種類を選択します。

❶ 箇条書きの一覧から記号をクリックする

3 行頭に箇条書きの記号が挿入されます。

❶ 選択範囲を解除して箇条書きの記号が設定されたことを確認する

ここがポイント！
▶ 箇条書きの解除

箇条書きを解除するには、同じ[箇条書き]ボタンをクリックするか、▼をクリックして[なし]をクリックします。

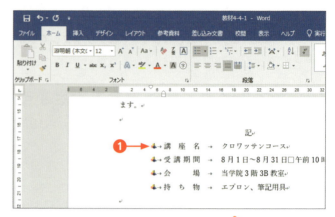

完成例ファイル　教材4-4-1（完成）

段落番号

行頭に番号を挿入する段落番号は、[ホーム]タブの[段落]グループの[段落番号]ボタンから設定します。ボタンをクリックすると初期値では、「1.2.3」の番号が挿入されます。▼をクリックするといろいろな番号の種類から選択できます。

やってみよう ― 段落番号を設定する

教材ファイル　教材4-4-2

教材ファイル「教材4-4-2.docx」を開き、箇条書きを挿入した段落を「A)B)C)」の段落番号に変更しましょう。

1 段落番号の一覧を表示します。

❶ 段落番号を設定する段落を選択する

❷ [ホーム]タブの[段落]グループの[段落番号]ボタンの▼をクリックする

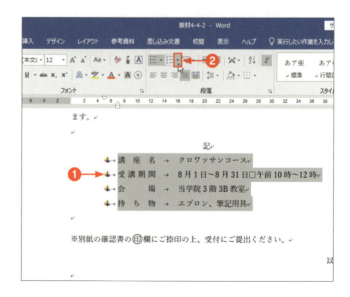

2 段落番号の種類を選択します。

❶ 段落番号の一覧から目的の番号をクリックする

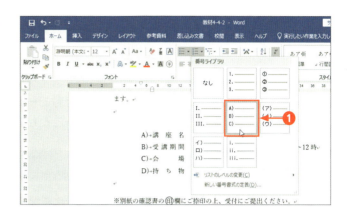

3 行頭に段落番号が挿入されます。

❶ 選択範囲を解除して段落番号が設定されたことを確認する

ここがポイント！
▶ 段落番号の解除

段落番号を解除するには、同じ[段落番号]ボタンをクリックするか、▼をクリックして[なし]をクリックします。

完成例ファイル　教材4-4-2（完成）

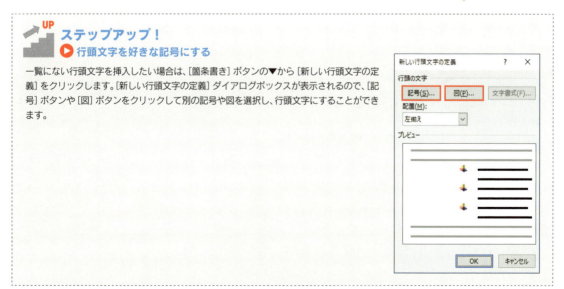

ステップアップ！
▶ 行頭文字を好きな記号にする

一覧にない行頭文字を挿入したい場合は、[箇条書き]ボタンの▼から[新しい行頭文字の定義]をクリックします。[新しい行頭文字の定義]ダイアログボックスが表示されるので、[記号]ボタンや[図]ボタンをクリックして別の記号や図を選択し、行頭文字にすることができます。

4-5 文字や行の間隔を設定する

学習時間の目安 15 min

文書の文字や行の間隔は、ページの文字数と行数で一定の間隔になっています。しかし、部分的に文字間隔や行間隔を広げたり、狭めたりすることができます。

ここでの学習内容

文書の文字、行、段落の間隔を個別に変更する操作を学習します。これらの間隔を調整することで、メリハリのある読みやすい文書にできます。

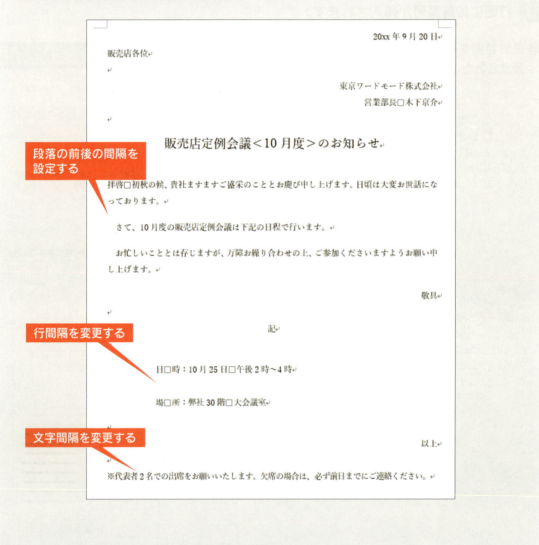

- 段落の前後の間隔を設定する
- 行間隔を変更する
- 文字間隔を変更する

文字の間隔

文字間隔を変更するには、[フォント] ダイアログボックスの [詳細設定] タブで指定します。文書のレイアウト上、1行に収めたい段落の場合に文字間隔を狭めたり、文字数が少ない段落の文字間隔を広げたりすることができます。

やってみよう ― 文字間隔を変更する

教材ファイル 教材4-5-1

教材ファイル「教材4-5-1.docx」を開き、文末の段落が1行に収まるように文字間隔を0.3pt狭くしましょう。

1 [フォント] ダイアログボックスを表示します。

❶ 文字間隔を変更する文字列を選択する
❷ [ホーム] タブの [フォント] グループの [ダイアログボックス起動ツール] をクリックする

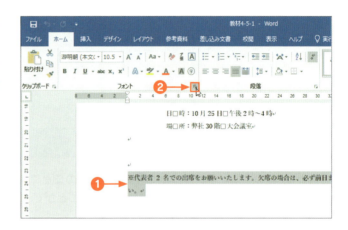

2 文字間隔を狭くします。

❶ [フォント] ダイアログボックスの [詳細設定] タブをクリックする
❷ [文字間隔] ボックスの▼をクリックして、[狭く] をクリックする
❸ [間隔] ボックスを「0.3」に指定する
❹ [OK] ボタンをクリックする

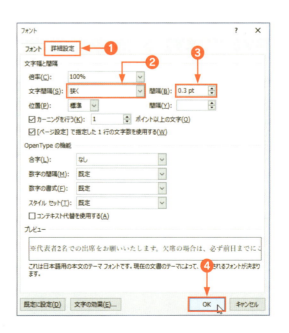

Chapter4　文書の編集　97

3 選択状態を解除して、文字間隔を狭くなったことを確認します。

❶ 文字間隔が狭まり、1行に収まる

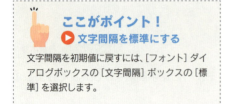

ここがポイント！
▶ 文字間隔を標準にする

文字間隔を初期値に戻すには、[フォント] ダイアログボックスの [文字間隔] ボックスの [標準] を選択します。

完成例ファイル 教材4-5-1（完成）

行の間隔

行間とは、行の下端から次の行の下端までの高さのことです。通常は、1行間隔になっていますが、読みやすさなどを考えて行間を広げたり、狭めたりすることができます。

やってみよう ― 行の間隔を変更する

教材ファイル 教材4-5-2

教材ファイル「教材4-5-2.docx」を開き、箇条書きの行間隔を「2.0」に変更します。

1 行間隔を変更します。

❶ 行間隔を変更する行を選択する
❷ [ホーム] タブの [段落] グループの [行と段落の間隔] ボタンをクリックする

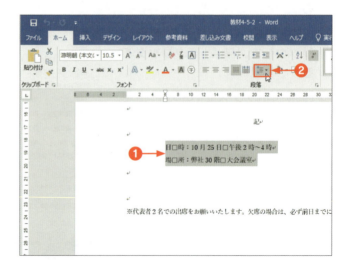

2 行間隔を選択します。

❶一覧の [2.0] をクリックする

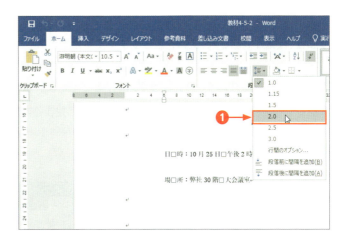

3 選択状態を解除して、行間隔が変更されたことを確認します。

❶行間隔が広がる

> **ここがポイント！**
> ▶ 行間を戻す
>
> 初期値の行間に戻すには、[行と段落の間隔] ボタンの一覧の [1.0] をクリックします。

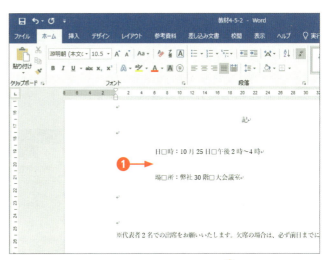

完成例ファイル　教材4-5-2（完成）

> **知っておくと便利！**
> ▶ 段落の間隔
>
> 行間だけでなく、段落の前や後の間隔を数値で指定することもできます。[レイアウト] タブ（Word2013では[ページレイアウト] タブ）の [段落] グループの [前の間隔] ボックス、[後の間隔] ボックスを使用すると数値で間隔を指定できます。「10pt」や「15mm」のように単位を付けて入力すると、別の単位でも指定できます。

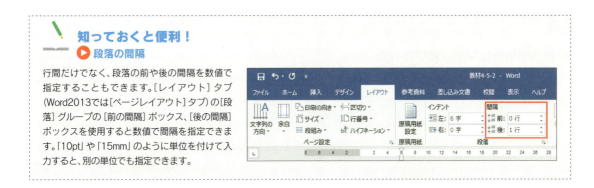

Chapter4　文書の編集

段落の前後の間隔

段落とは、行の始まりから、⏎までのひとまとまりの単位です。段落の前や後ろに一定のスペースを挿入すると、段落が強調され、文章を読みやすくする効果があります。

やってみよう──段落の間隔を変更する

教材ファイル　教材4-5-3

教材ファイル「教材4-5-3.docx」を開き、「拝啓」から始まる本文全体の段落の後ろに間隔を追加しましょう。

1　段落後の間隔を変更します。

❶ 対象となる段落を選択する
❷ [ホーム] タブの [段落] グループの [行と段落の間隔] ボタンをクリックする

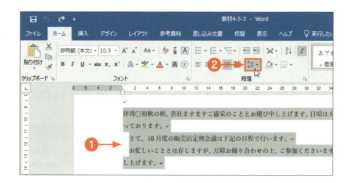

2　段落前か段落後かを選択します。

❶ 一覧の [段落後に間隔を追加] をクリックする

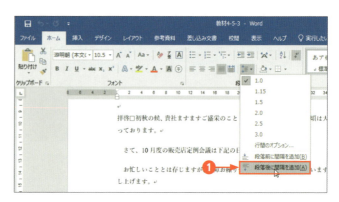

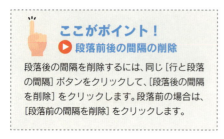

ここがポイント！
▶段落前後の間隔の削除

段落後の間隔を削除するには、同じ [行と段落の間隔] ボタンをクリックして、[段落後の間隔を削除] をクリックします。段落前の場合は、[段落前の間隔を削除] をクリックします。

3　選択状態を解除して、段落後に間隔が追加されたことを確認します。

❶ 段落の後ろに空きが追加される

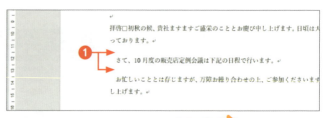

完成例ファイル　教材4-5-3（完成）

4-6 文書を印刷する

学習時間の目安 min　学習日・理解度チェック

月　日　□
月　日　□
月　日　□

作成した文書を印刷する前に、印刷のイメージを画面で確認できます。印刷の際には、プリンターの設定や用紙サイズなどを確認します。

ここでの学習内容

印刷プレビュー画面について学習します。用紙レイアウトの設定を変更したり、印刷する部数を指定することができます。

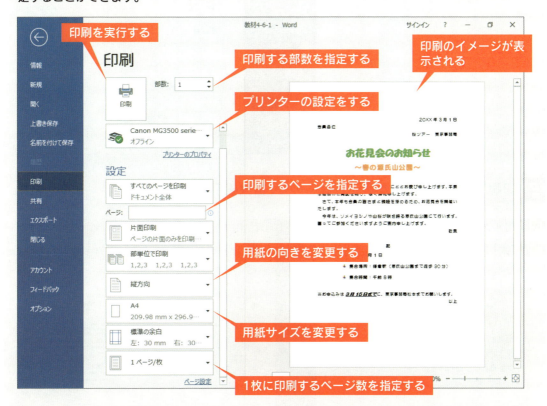

 知っておくと便利！
▶ 特定のページだけを印刷する

複数ページの文書の場合に、特定のページだけを印刷するには、[ページ]ボックスにページ番号を指定します。1、3、5ページのみ印刷する場合は、「1,3,5」のように「,」(半角カンマ)で区切り、3〜7ページまでを印刷するという場合は、「3-7」のように「-」(半角ハイフン)を使用します。

 **知っておくと便利！**
▶ 縮小印刷する

1枚の用紙に2ページ分や4ページ分など複数ページを縮小して印刷するには、[1ページ/枚]ボックスをクリックし、該当するページ数を指定します。

Chapter4　文書の編集　101

印刷プレビューと印刷

[ファイル] タブの [印刷] をクリックすると印刷プレビュー画面が表示されます。印刷のイメージを見ながら、必要に応じて印刷の向きや用紙サイズなどの設定を変更することができます。

やってみよう ― 印刷プレビューを表示する

教材ファイル：教材4-6-1

教材ファイル「教材4-6-1.docx」を開き、印刷プレビューを表示しましょう。

1 印刷プレビューを表示します。

❶ [ファイル] タブをクリックする
❷ [印刷] をクリックする

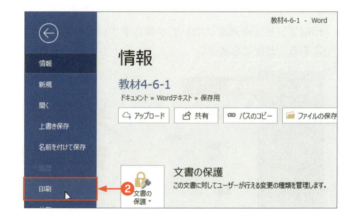

2 印刷プレビュー画面が表示されるので、拡大表示します。

❶ 印刷イメージが表示される
❷ [拡大] ボタンを2回クリックする

ここがポイント！
▶ 拡大と縮小のボタン

[＋][拡大] ボタンをクリックするごとに10%ずつ拡大表示されます。[－][縮小] ボタンをクリックすると縮小されます。

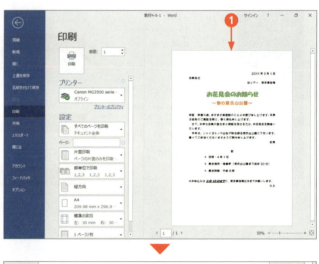

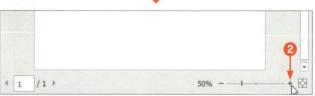

3 印刷プレビュー画面が拡大表示されます。

❶ 拡大表示される

ここがポイント！
▶ 1ページ全体の表示に戻す

[拡大] ボタンの右にある [ページに合わせる] ボタンをクリックすると、1ページ全体が縮小して表示されます。

やってみよう — 文書を印刷する

印刷プレビュー画面で確認し、問題がないようなら印刷しましょう。

1 プリンターや部数を確認して、印刷を実行します。

❶ プリンターを確認する
❷ 部数を確認する
❸ [印刷] ボタンをクリックする
❹ 印刷が実行される

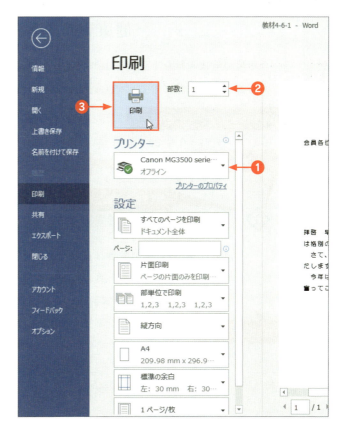

ここがポイント！
▶ プリンターのプロパティ

印刷する前に [プリンターのプロパティ] をクリックして、[プリンターのプロパティ] ダイアログボックスを表示して、出力用紙サイズや印刷品質などプリンターの設定をしておきます。特にA4以外のサイズで印刷する場合、プリンター側の用紙サイズを合わせるようにします。

ここがポイント！
▶ 印刷設定は保存されない

ファイルを保存しても、印刷プレビュー画面で設定した内容は保存されません。

Chapter4 文書の編集 103

Chapter 4

練習問題

学習日・理解度チェック

月　日　□
月　日　□
月　日　□

練習4-1

白紙の文書から次の文書を作成して、全体の仕上がりを印刷プレビューで確認してから「保存用」フォルダーに保存し、文書を閉じましょう。ファイル名は「練習4-1」とします。

ページ設定：用紙サイズA4、上余白のみ30mmに変更、文字数36字、行数30行
※文書中の数字はすべて半角で入力します。

20xx年9月1日

社員各位

総務部総務課　　　【右揃え】
内線：456

【フォントサイズ16pt、中央揃え】
健康診断のお知らせ

今年度の健康診断を下記のとおり実施します。以下の日程で受診できない方は、あらかじめ総務課に申し出てください。別の日程に変更します。

記

【4字分の左インデント、行間1.5】
日時：9月30日□午前10時～（受付開始9時30分）

【フォントサイズ12pt】
場所：長野クリニック　【ルビを設定する】（ちょうの）

【囲い文字を設定する】
注 以下の点を守ってください

・前日夜10時以降の飲食は避けてください。
・アクセサリー類は紛失の恐れがあるため、身に付けないようにお願いします。　【文字間を0.3pt狭くする】
・受診カードに記入し、それを持って各科を受診してください。

【2字分のインデント】

以上

完成例ファイル　練習4-1（完成）

Chapter 5

表の作成

文書に申込書や一覧表などの表を作成する方法を学習します。
表の列や行を増減したり、列の幅や行の高さはマウス操作や数値でも指定することができます。表のレイアウトはいつでも自由に変更ができます。

5-1 表を挿入する →106ページ

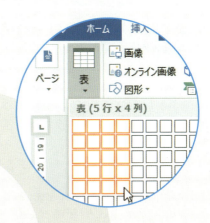

5-2 表のレイアウトを変更する →109ページ

5-1

学習時間の目安 10 min　学習日・理解度チェック

表を挿入する

　月　　日　□
　月　　日　□
　月　　日　□

Wordで表を作成するには、行数と列数を指定する方法が一般的です。挿入した表に文字を入力する際には、マウスを使うよりもキー操作でカーソルを移動しながら入力するほうが便利です。

ここでの学習内容

表の挿入方法を学習します。表の横方向の並びを行、縦方向の並びを列、マス目をセルといいます。表を挿入するには、あらかじめ何行何列の表を作成するかを考えて挿入の操作をします。

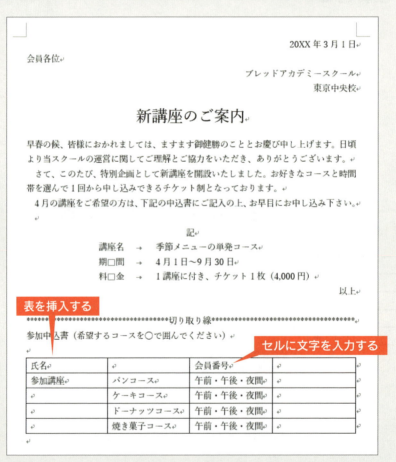

表の挿入

表を挿入するには、表示されるマス目を使用して行数と列数を指定して挿入します。行数、列数の多い大きな表を挿入する場合は[表の挿入]ダイアログボックスを使用します（次ページの「知っておくと便利！」参照）。

やってみよう―表を挿入する

教材ファイル　教材5-1-1

教材ファイル「教材5-1-1.docx」を開き、文書の末尾に5行4列の表を挿入しましょう。

1 表を挿入します。

❶ 文書の末尾の行にカーソルを移動する
❷ [挿入]タブをクリックする
❸ [表]グループの[表]ボタンをクリックする

2 表の行数と列数を指定します。

❶ マス目が表示される
❷ マス目の5行と4列分の右下の位置をポイントする
❸ 「表(5行×4列)」と表示されることを確認する
❹ クリックする

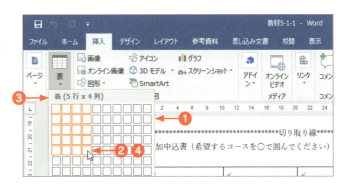

3 表が挿入されます。

❶ 指定した行数と列数の表が挿入される

Chapter5　表の作成　　107

やってみよう ― 表に文字を入力する

表に文字列を入力しましょう。Tabキーを押してカーソルを右方向のセルに移動しながら入力します。

1 次のように表に文字を入力します。

❶ 左端のセルにカーソルがあることを確認して「氏名」と入力します。
❷ Tabキーを2回押します。
❸ カーソルが2つ右のセルに移動します。
❹ 「会員番号」と入力します。

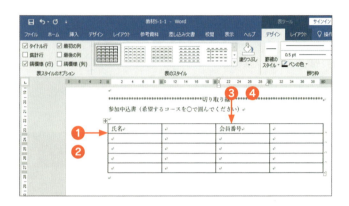

2 残りのセルにも次のように入力します。

❶ 他のセルにも入力する
❷ 同じ文字の箇所は、コピーと貼り付けを使用する

完成例ファイル 教材5-1-1（完成）

ここがポイント！
▶ 表の文字入力

↑キーと↓キー、→キーや←キーを使用すると、上下左右のセルにカーソルが移動します。Tabキーは右のセルにカーソルが移動しますが、末尾のセルでTabキーを押すと行が挿入されます。また、セルをクリックしてもカーソルを移動できます。

知っておくと便利！
▶ 9行11列以上の表の挿入

9行11列以上の大きな表を挿入する場合や特定の列幅の表を挿入したい場合は、[表の挿入]ダイアログボックスを使用します。[表の挿入]ダイアログボックスは、[表]ボタンをクリックして表示される一覧の[表の挿入]をクリックすると表示されます。列数と行数を指定し、[自動調整のオプション]で列幅を数値で指定したり、文書ウィンドウの幅に合わせた表を挿入したりすることができます。

5-2 表のレイアウトを変更する

学習時間の目安 20 min

学習日・理解度チェック
月　日　□
月　日　□
月　日　□

作成した表は、ページの本文の横幅で、セルが均等に分割された表になります。セルに入力した文字に合わせて列幅や行の高さを変更したり、セルの分割や結合、行や列を追加したり削除するなど、必要に応じて表のレイアウトを変更できます。

ここでの学習内容

表のレイアウト変更を学習します。表内に文字を入力したら、列幅や行の高さを整えます。表の行や列は後から自由に挿入したり削除することができます。表の編集が終了したら、最後に表の位置を中央揃えにするなどの配置も整えます。

- 列の幅を変更する
- 表を中央揃えにする
- セルを結合する
- 行を追加する
- 行の高さを変更する

Chapter5　表の作成　109

表の列幅、行の高さの変更

列幅や行の高さを変更するには、対象となる罫線をマウスでドラッグする方法と、[表ツール] の [レイアウト] タブの各ボックスを使用して数値で指定する方法があります。

やってみよう—列の幅を変更する

教材ファイル ▶ 教材5-2-1

教材ファイル「教材5-2-1.docx」を開き、表の1列目と3列目の列幅を狭くしましょう。

1 ドラッグ操作で1列目の列幅を変更します。

① 1列目の右側の縦罫線をポイントする
② マウスポインターが ↔ に変わったら、左方向にドラッグする

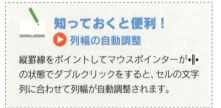

2 1列目の列幅が変更されます。

① 1列目が狭くなる

> **知っておくと便利！**
> ▶ 列幅の自動調整
>
> 縦罫線をポイントしてマウスポインターが ↔ の状態でダブルクリックをすると、セルの文字列に合わせて列幅が自動調整されます。

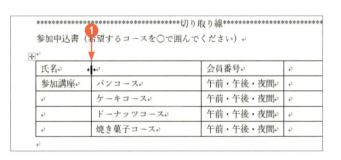

3 3列目の列幅を「22mm」に変更します。

① 3列目の列内にカーソルを移動する
② [表ツール] の [レイアウト] タブをクリックする
③ [セルのサイズ] グループの [列の幅の設定] ボックスの▼をクリックし、「22mm」に指定する

> **ここがポイント！**
> ▶ [レイアウト] タブ
>
> 表内にカーソルを移動すると、自動的に [表ツール] の [レイアウト] タブと [デザイン] タブが表示されます。表の編集に使用するタブです。

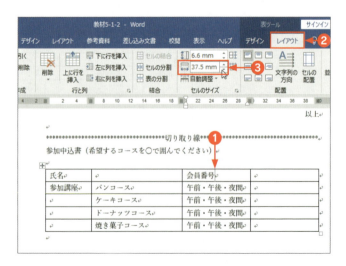

4 3列目の列幅が変更されます。

❶ 3列目の列幅が22mmになる

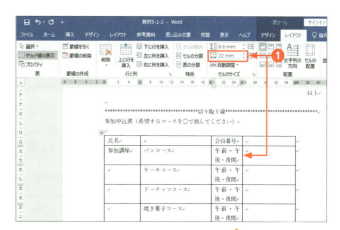

> **ここがポイント！**
> ▶ 行の高さの変更
>
> 行の高さを変更するには、行の下罫線をポイントしてマウスポインターが ÷ に変わったら、上下にドラッグします。または、[表ツール]の[レイアウト]タブの[行の高さの設定]ボックスを使用して、数値で指定します。

完成例ファイル ▶ 教材5-2-1（完成）

> **知っておくと便利！**
> ▶ 表全体のサイズ変更
>
> 表内にカーソルを移動したときに右端に表示される□をドラッグすると、表全体のサイズを変更できます。
>
>

セルの結合と分割

表内のマス目をセルといいます。セルは分割して複数のセルに分けたり、複数のセルを結合して1つのセルにすることもできます。[表ツール]の[レイアウト]タブの[セルの分割]ボタン、[セルの結合]ボタンを使用します。

やってみよう ― セルを結合する

教材ファイル ▶ 教材5-2-2

教材ファイル「教材5-2-2.docx」を開き、表の「午前・午後・夜間」のセルをすぐ右側のセルと結合し、さらに、参加講座のセルをその下の空白セルと結合しましょう。

1 対象のセルを選択し、結合します。

❶ 表の2行目の「午前・午後・夜間」のセルと右側のセルをドラッグして選択する
❷ [表ツール]の[レイアウト]タブをクリックする
❸ [結合]グループの[セルの結合]ボタンをクリックする

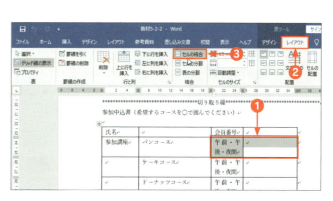

Chapter5 表の作成 111

2 セルが結合されます。

❶ セルが結合され、文字列が1行で表示される

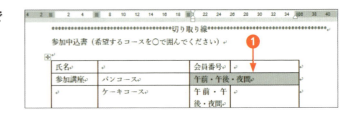

3 繰り返しの操作でその下のセルも結合します。

❶ 結合したセルの下の2つのセルを選択し、F4キーを押す
❷ 直前の操作が繰り返され、セルが結合する
❸ 同様にして4行目、5行目のセルを結合する

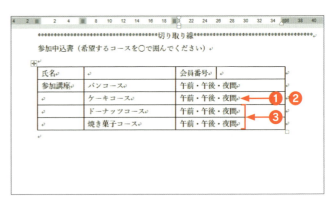

知っておくと便利！
▶ 操作の繰り返し

直前の操作と同じ操作を実行するには、F4キーを押します。

4 「参加講座」と下にあるセルも結合します。

❶ 「参加講座」と下にある3つのセルを結合する

完成例ファイル　教材5-2-2（完成）

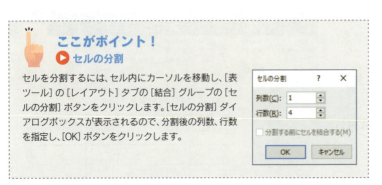

ここがポイント！
▶ セルの分割

セルを分割するには、セル内にカーソルを移動し、[表ツール] の [レイアウト] タブの [結合] グループの [セルの分割] ボタンをクリックします。[セルの分割] ダイアログボックスが表示されるので、分割後の列数、行数を指定し、[OK] ボタンをクリックします。

行や列の追加と削除

表は、後から行や列を追加したり、不要な行や列を削除したりすることができます。[表ツール]の[レイアウト]タブのボタンから追加・削除が簡単にできます。

やってみよう — 行を追加する

教材ファイル 教材5-2-3

教材ファイル「教材5-2-3.docx」を開き、表の最終行に1行追加し、セルを結合後、行の高さを広げましょう。

1 行を追加します。

❶ 最終行にカーソルを移動する
❷ [表ツール]の[レイアウト]タブをクリックする
❸ [行と列]グループの[下に行を挿入]ボタンをクリックする

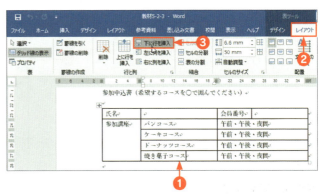

2 追加した行のセルを結合します。

❶ カーソルのある行の下に行が挿入される
❷ セルが選択されていることを確認し、[レイアウト]タブの[結合]グループの[セルの結合]ボタンをクリックする

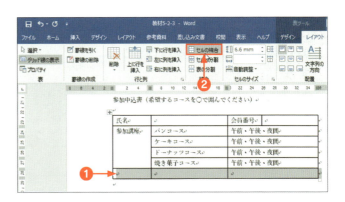

3 行の高さを広げます。

❶ 追加した行の下罫線をポイントする
❷ マウスポインターが ⇕ に変わったら、下方向にドラッグする
❸ 行の高さが変更される

完成例ファイル 教材5-2-3(完成)

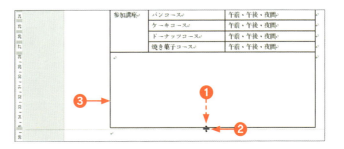

Chapter5 表の作成 113

表の位置の変更

表の位置を変更するには、表全体を選択して、[ホーム] タブの [段落] グループの [中央揃え] ボタン、[右揃え] ボタンを使用します。表全体をすばやく選択するには「表の移動ハンドル」が便利です。

やってみよう──表を中央揃えにする

教材ファイル ▶ 教材5-2-4

教材ファイル「教材5-2-4.docx」を開き、表をページの横幅の中央に配置しましょう。

1 表全体を選択します。

❶ 表内をポイントする
❷ 表の移動ハンドルが表示されるのでクリックする

> **ここがポイント！**
> ▶ 表の移動ハンドル
> 表内をポイントしただけで左上に表示されます。

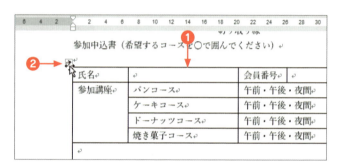

2 表を中央揃えにします。

❶ 表全体が選択される
❷ [ホーム] タブの [段落] グループの [中央揃え] ボタンをクリックする

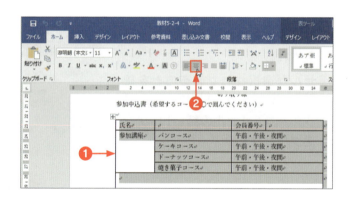

3 表が中央に配置されます。

❶ 表がページの横幅の中央に配置される

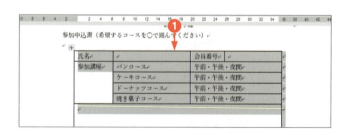

完成例ファイル ▶ 教材5-2-4（完成）

Chapter 5 練習問題

練習5-1

白紙の文書から次の文書を作成して、「保存用」フォルダーに保存し、文書を閉じましょう。ファイル名は「練習5-1」とします。

ページ設定：用紙サイズB5、余白やや狭い、文字数、行数は既定のまま
※文書中のフォントはすべてMSゴシックにします。

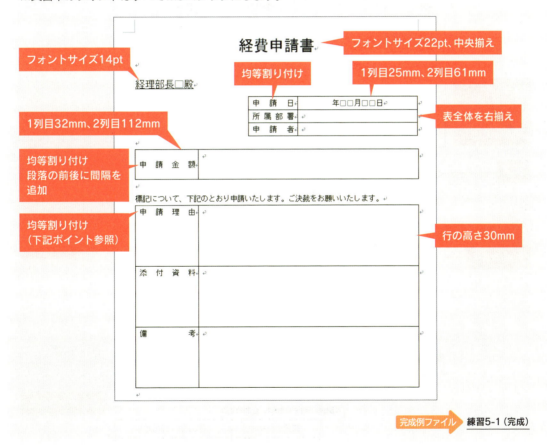

完成例ファイル　練習5-1（完成）

ここがポイント！

均等割り付け

表のセルにカーソルを移動して[ホーム]タブの[段落]グループの[均等割り付け]ボタンをクリックすると完成例のようなセル幅分の均等割り付けになります。

練習5-2

白紙の文書から次の文書を作成して、「保存用」フォルダーに保存し、文書を閉じましょう。ファイル名は「練習5-2」とします。完成例と同じようになるように、セル結合、列幅を調整して表を作成し、セル内の文字列の配置も気を付けましょう。

ページ設定：用紙サイズA4、上余白30mm、文字数40字、行数30行
※文書中のフォントはすべてMS明朝、数字はすべて半角で入力します。

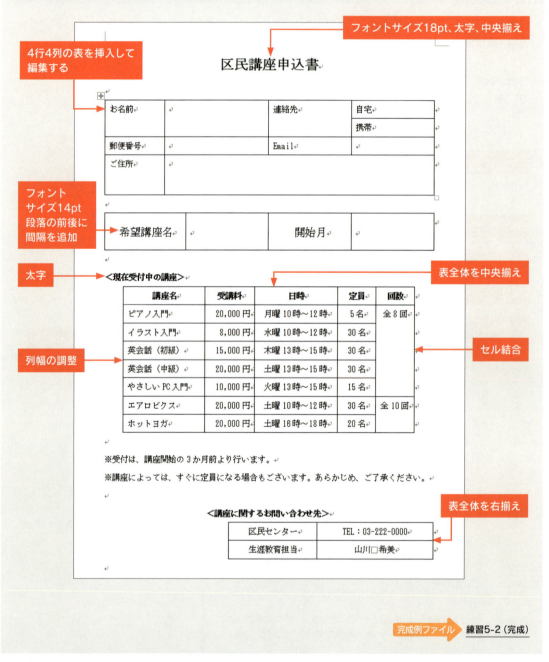

Chapter 6

表の編集

イメージ通りの表を作成するためにさまざまな機能が用意されています。
罫線と色がセットになった表のスタイルの一覧を利用したり、罫線の種類を変更したりして表の見た目を整えることができます。また、文章の内容を区切るための段落に引く罫線もあります。

6-1 表のスタイルを設定する →118ページ

6-2 罫線を変更する・追加する →122ページ

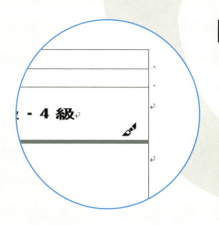

6-1 表のスタイルを設定する

学習時間の目安 10 min
学習日・理解度チェック
月　日　□
月　日　□
月　日　□

表のレイアウトを仕上げるために、表全体の罫線や色などのデザインをすばやく設定できる機能があります。また、オプションを追加したり、解除したりすることにより、表のデザインを部分的に変えることができます。

ここでの学習内容

表のスタイルを学習します。表のスタイルを利用すると、書式を一から設定する手間を省き、大きな表でもすぐに見栄えのよい表に仕上げることができます。表のスタイルを設定後にオプションを変更することで、さらにイメージに合う表のデザインにすることができます。

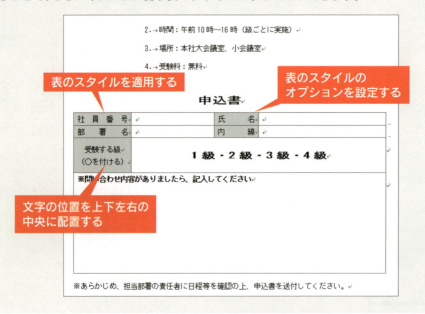

知っておくと便利！
  セルに色を付ける

表のスタイルを使用せずにセルに色を付けるには、セルを選択して、[表ツール] の [デザイン] タブの [表のスタイル] グループの [塗りつぶし] ボタンの▼をクリックします。[テーマの色] や [標準の色] の一覧が表示されるので色を選択します。
セルの色を解除するには、同じ [塗りつぶし] ボタンの▼をクリックし、[色なし] をクリックします。

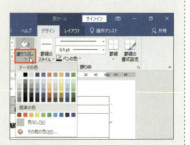

表のスタイル

表のスタイルは、表を選択すると表示される[デザイン]タブの[表のスタイル]グループの一覧から選択します。スタイルを設定後に[表スタイルのオプション]の各チェックボックスのオン／オフを切り替えるだけで、部分的な書式を変更できます。

やってみよう──表にスタイルを適用する　　教材ファイル：教材6-1-1

教材ファイル「教材6-1-1.docx」を開き、申込書の表に、表のスタイル[グリッド（表）4]を設定しましょう。

1　表のスタイルの一覧を表示します。

❶ 表内にカーソルを移動する
❷ [表ツール]の[デザイン]タブをクリックする
❸ [表のスタイル]グループの[その他]ボタンをクリックする

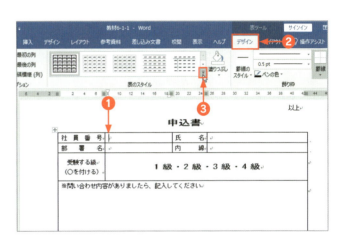

2　一覧からスタイルを選択します。

❶ 表のスタイルの一覧が表示される
❷ [グリッドテーブル]の[グリッド（表）4]をポイントする
❸ 表にスタイルのイメージがプレビューされる
❹ クリックする

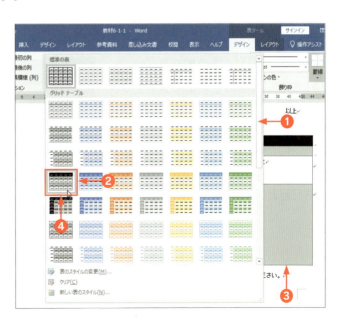

Chapter6　表の編集　119

3 表のスタイルが適用されます。

❶ 表に選択したスタイルが適用される

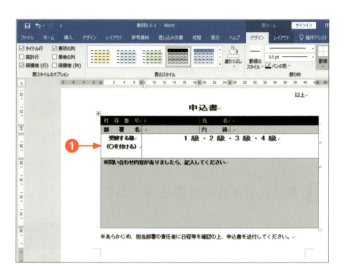

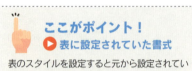
ここがポイント！
▶ 表に設定されていた書式

表のスタイルを設定すると元から設定されていた書式は解除され、表のスタイルに置き換えられます。表全体の位置やセル内の文字位置なども変わってしまうことがあるため、必要な書式は、スタイルを設定後に再度設定し直します。

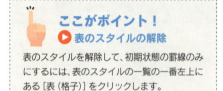
ここがポイント！
▶ 表のスタイルの解除

表のスタイルを解除して、初期状態の罫線のみにするには、表のスタイルの一覧の一番左上にある［表（格子）］をクリックします。

やってみよう ─ 表のスタイルのオプションを変更する

設定した表のスタイルを部分的に変更しましょう。［表スタイルのオプション］の［縞模様（列）］と［最後の列］のみオンに設定し、それ以外はオフにします。また、スタイルの適用によって変更された文字の位置を中央に配置しましょう。

1 表のスタイルのオプションを設定します。

❶ 表内にカーソルを移動する
❷ ［表ツール］の［デザイン］タブの［表スタイルのオプション］グループの［タイトル行］ボックスをオフにする
❸ ［最初の列］ボックスもオフにする
❹ 1行目と1列目の書式が解除される

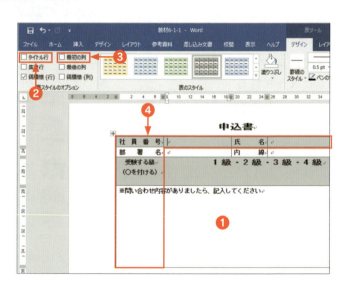

2 表のスタイルのオプションを設定します。

❶[最後の列]ボックスをオンにする
❷[縞模様(行)]ボックスをオフにする
❸[縞模様(列)]をオンにする
❹最後の列と縞模様(列)の書式が設定される

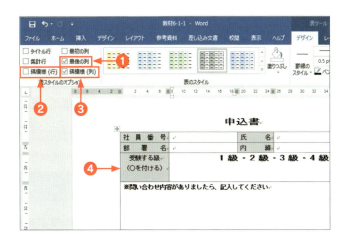

3 セル内の文字位置を変更します。

❶表の3行目を選択する
❷[表ツール]の[レイアウト]タブをクリックする
❸[配置]グループの[中央揃え]ボタンをクリックする

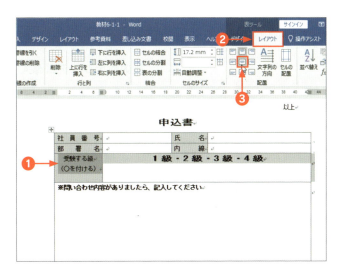

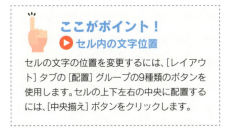

ここがポイント！
▶ セル内の文字位置

セルの文字の位置を変更するには、[レイアウト]タブの[配置]グループの9種類のボタンを使用します。セルの上下左右の中央に配置するには、[中央揃え]ボタンをクリックします。

4 セル内の文字の位置が変更されます。

❶セルの中央に文字が配置される

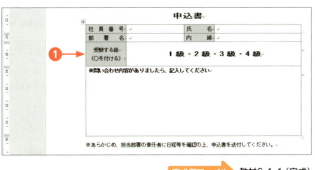

完成例ファイル　教材6-1-1（完成）

Chapter6　表の編集　121

6-2 罫線を変更する・追加する

学習時間の目安 20 min

学習日・理解度チェック
月　日　☐
月　日　☐
月　日　☐

作成した表は、細実線で区切られた表になります。罫線の種類や太さは後から変更することができます。また、罫線を追加してセルを区切ったり、罫線を削除してセルを結合することもできます。

ここでの学習内容

挿入した表の罫線の種類を変更したり、追加したりする操作を学習します。点線や二重線などいろいろな線の種類から選択できます。また、罫線の色や太さも指定することができます。表ではない段落の上下に罫線を引く操作も行います。

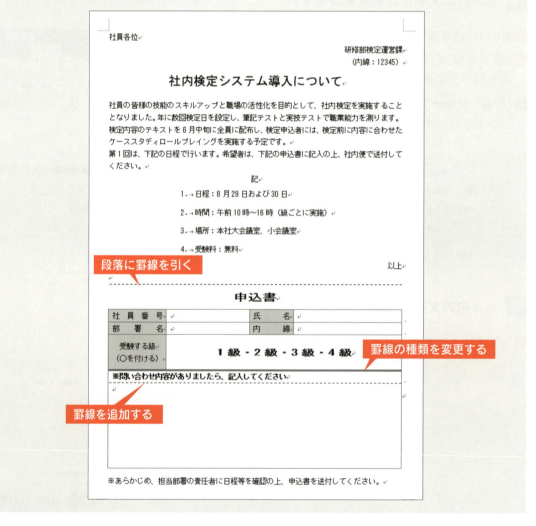

罫線の種類の変更

表内の罫線の種類を変更するには、[表ツール]の[デザイン]タブの[飾り枠]グループの[ペンのスタイル]ボックスで罫線の種類を指定した後、対象となる罫線をクリックまたはドラッグします。

やってみよう — 罫線の種類を変更する

教材ファイル 教材6-2-1

教材ファイル「教材6-2-1.docx」を開き、申込書の表の4行目の上の線を二重線に変更しましょう。

1 罫線の種類を指定します。

① 表内にカーソルを移動する
② [表ツール] の [デザイン] タブをクリックする
③ [飾り枠] グループの [ペンのスタイル] ボックスの▼をクリックする
④ 二重線をクリックする

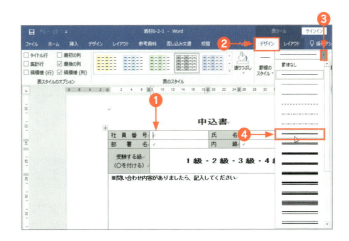

2 罫線の種類を変更します。

① マウスポインターが 🖉 の状態になる
② 4行目の上の罫線上をドラッグする

> **ここがポイント！**
> ▶ 線種の変更
>
> 罫線上を 🖉 の状態でドラッグ中は灰色の太線が表示されます。

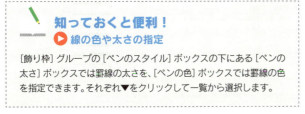

> **知っておくと便利！**
> ▶ 線の色や太さの指定
>
> [飾り枠] グループの [ペンのスタイル] ボックスの下にある [ペンの太さ] ボックスでは罫線の太さを、[ペンの色] ボックスでは罫線の色を指定できます。それぞれ▼をクリックして一覧から選択します。

3 ［罫線の書式設定］ボタンをオフにします。

❶ 罫線の種類が変更される
❷ Esc キーを押す
❸ ［罫線の書式設定］ボタンがオフになったことを確認する

> **ここがポイント！**
> ▶ ［罫線の書式設定］ボタン
>
> ［飾り枠］グループで罫線の種類や太さ、色などを選択すると、右側の［罫線の書式設定］ボタンが自動的にオンになり、マウスポインターが 🖌 の状態に変わります。🖌 の状態では、すでに引いてある罫線の種類を変更します。新しい罫線を追加することはできません。

完成例ファイル 教材6-2-1（完成）

罫線の追加と削除

表に罫線を追加するには、［表ツール］の［デザイン］タブの［飾り枠］グループの［ペンのスタイル］ボックスで罫線の種類を指定した後、［罫線］ボタンの▼から［罫線を引く］ボタンをオンにします。

やってみよう ― 罫線を追加する

教材ファイル 教材6-2-2

教材ファイル「教材6-2-2.docx」を開き、申込書の表の4行目の「※問い合わせ…」の下に点線を追加しましょう。

1 罫線の種類を指定します。

❶ 表内にカーソルを移動する
❷ ［表ツール］の［デザイン］タブをクリックする
❸ ［飾り枠］グループの［ペンのスタイル］ボックスの▼をクリックする
❹ 点線をクリックする

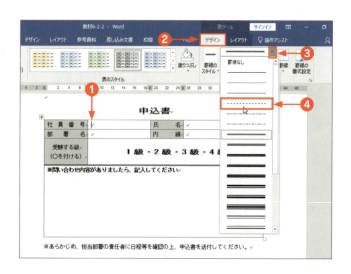

2 ［罫線を引く］を選択します。

❶ ［罫線］ボタンの▼をクリックする
❷ ［罫線を引く］をクリックする

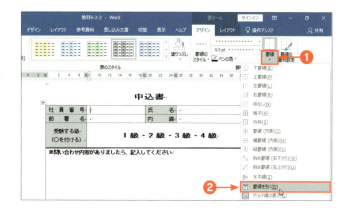

> **ここがポイント！**
> ▶ ［罫線を引く］
>
> ［ペンのスタイル］ボックスに表示されている線の種類のままでよい場合は、すぐに［罫線］ボタンの▼から［罫線を引く］をクリックします。

3 罫線を引きます。

❶ マウスポインターが 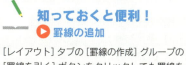 になる
❷ 罫線を引く位置をドラッグする

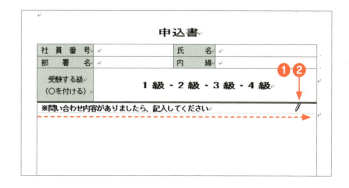

> **知っておくと便利！**
> ▶ 罫線の追加
>
> ［レイアウト］タブの［罫線の作成］グループの［罫線を引く］ボタンをクリックしても罫線を引くことができます。

4 ［罫線を引く］をオフにします。

❶ 罫線が追加され、セルが分割される
❷ Esc キーを押す
❸ ［表ツール］の［レイアウト］タブに自動的に切り替わり、［罫線の作成］グループの［罫線を引く］ボタンがオフになる

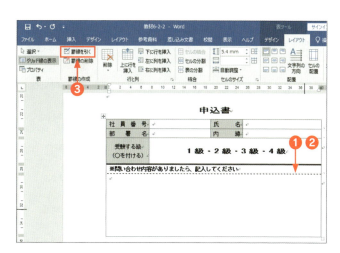

> **知っておくと便利！**
> ▶ 罫線の削除
>
> 罫線を削除するには、［表ツール］の［レイアウト］タブの［罫線の作成］グループの［罫線の削除］ボタンをクリックします。マウスポインターが  に変わるので、削除したい罫線をドラッグします。

段落罫線

文章の区切りの位置に罫線を引きたい場合は、段落罫線を使用します。段落罫線とは、段落の上や下、また左右に引くことができる罫線です。段落記号を選択して、操作します。

やってみよう — 段落に点線の罫線を引く

教材ファイル ▶ 教材6-2-3

教材ファイル「教材6-2-3.docx」を開き、「申込書」上の段落に点線の段落罫線を引きましょう。

1 [線種とページ罫線と網かけの設定]ダイアログボックスを表示します。

❶ 罫線を引く位置の段落記号を選択する
❷ [ホーム]タブの[段落]グループの[罫線]ボタンの▼をクリックする
❸ [線種とページ罫線と網かけの設定]をクリックする

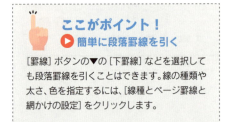

ここがポイント！
▶ 簡単に段落罫線を引く

[罫線]ボタンの▼の[下罫線]などを選択しても段落罫線を引くことはできます。線の種類や太さ、色を指定するには、[線種とページ罫線と網かけの設定]をクリックします。

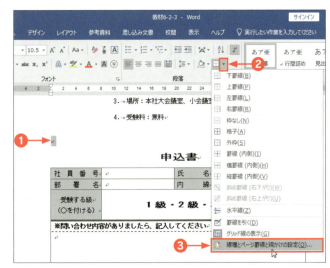

2 罫線の種類や罫線を引く場所を指定します。

❶ [線種とページ罫線と網かけの設定]ダイアログボックスが表示される
❷ [指定]をクリックする
❸ 点線をクリックする
❹ 引く場所のボタンをクリックする
❺ [OK]ボタンをクリックる

ここがポイント！
▶ 設定対象

[設定対象]ボックスに[段落]と表示されていない場合は、▼をクリックして[段落]に切り替えることができます。

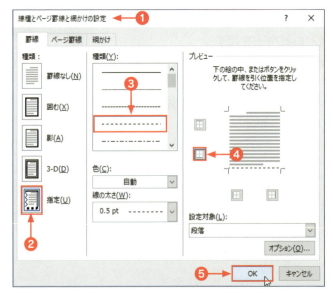

3 段落に罫線が引かれます。

段落の下に罫線が引かれる

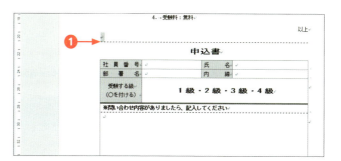

> **ここがポイント！**
> ▶ 段落罫線の削除
>
> 段落に引いた罫線を削除するには、同じ[罫線]ボタンの▼をクリックし、[枠なし]をクリックします。

完成例ファイル 教材6-2-3（完成）

知っておくと便利！
▶ 罫線をまとめて変更する

広い範囲の罫線を変更する場合に、1本ずつ引いていくのは大変です。そのような場合は、[罫線]ボタンを使用すると便利です。あらかじめ、罫線を引く範囲を選択し、[表ツール]の[デザイン]タブの[飾り枠]グループの[ペンのスタイル]ボックスや[ペンの太さ]ボックスで、線種を選択します。次に[罫線]ボタンの▼から罫線を引く位置を指定します。たとえば、表の外枠全体を太線にする場合は、以下のように操作します。

知っておくと便利！
▶ 表の周りの文字列の折り返し

通常、表の左または右の余白には文字列は表示されませんが、表の左右に文字列を配置させるように設定を変えることができます。[表ツール]の[レイアウト]タブの[表]グループの[プロパティ]ボタンをクリックして、[表のプロパティ]ダイアログボックスを表示します。[表]タブの[文字列の折り返し]を[なし]から[する]に変更します。

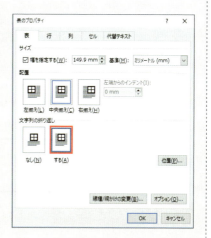

Chapter 6

練習問題

練習6-1

「練習問題」フォルダーから「練習6-1.docx」を開き、次の操作をしましょう。操作後は、「保存用」フォルダーに同じファイル名で保存し、文書を閉じましょう。

練習問題ファイル ▶ 練習6-1

❶ 1番目から3番目の表は次のように編集します。

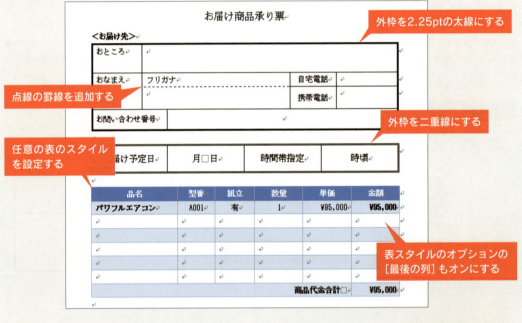

❷ 4番目と5番目の表は次のように編集します。

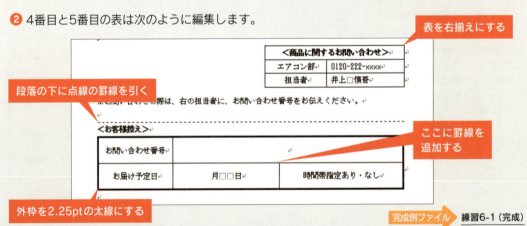

完成例ファイル ▶ 練習6-1（完成）

Chapter 7

図形の挿入

文書に図形を挿入することができます。楕円、四角形などの基本図形からブロック矢印、星やリボンなどさまざまな種類があります。図形の色や線の種類、スタイルなどの書式を設定してインパクトのある文書を作成することができます。

7-1 図形を挿入する →130ページ

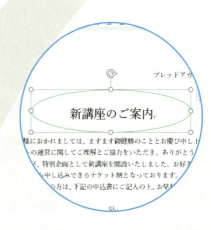

7-2 図形の書式を設定する →135ページ

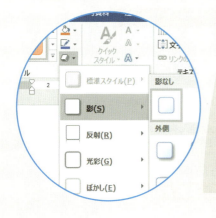

7-3 自由な位置に文字を挿入する →141ページ

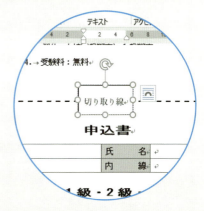

7-1 図形を挿入する

学習時間の目安 15 min

学習日・理解度チェック
月　日　☐
月　日　☐
月　日　☐

Wordでは、文書にさまざまな図形を追加することができます。図形は、色などを変更したり、文章とのバランスを考えて位置を整えたりすることができます。

ここでの学習内容

図形を挿入すると、初期値では青く塗りつぶされた図形になります。図形を文字列とともに配置するには、塗りつぶしの色を薄くしたり、枠線だけの図形に変更したりする必要があります。ここでは、図形の挿入、書式設定、図形のサイズや位置の変更方法を学習します。

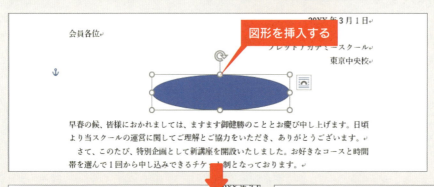

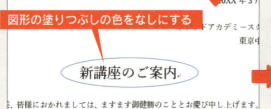

図形の挿入

図形を挿入するには、[挿入] タブの [図] グループの [図形] ボタンをクリックし、図形の一覧から目的の図形を選択し、マウスでドラッグして描きます。初期値では、色が塗りつぶされた図形が描かれるので、[書式] タブのボタンを使用して色を変更します。

やってみよう―図形を挿入する

教材ファイル 教材7-1-1

教材ファイル「教材7-1-1.docx」を開き、タイトル「新講座のご案内」を楕円の図形で囲みましょう。

1 描く図形の種類を選択します。

❶ [挿入] タブをクリックする
❷ [図] グループの [図形] ボタンをクリックする
❸ [基本図形] の一覧の [楕円] をクリックする

2 ドラッグして楕円を描きます。

❶ マウスポインターが ✛ になる
❷ 左上から右斜め下にドラッグする

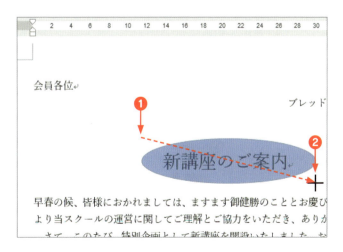

Chapter7 図形の挿入 131

3 図形が描かれます。

❶ 楕円が描かれる

> **ここがポイント！**
> ▶ アンカー記号
>
> 図形を選択すると、余白に ⚓ の記号が表示されます。これはアンカー記号といい、図形が位置付けられている段落の位置が確認できます。

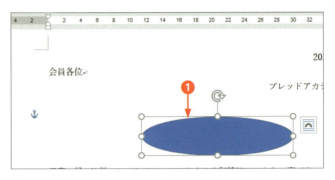

やってみよう ― 図形の色をなしにする

楕円の図形の塗りつぶしの色をなしにして、枠線の色を [標準の色] の [緑] に変更しましょう。図形を選択しているときのみ表示される [書式] タブのボタンを使用します。

1 図形の塗りつぶしをなしにします。

❶ 図形が選択されていて、[描画ツール] の [書式] タブが表示されていることを確認する
❷ [図形のスタイル] グループの [図形の塗りつぶし] ボタンの▼をクリックする
❸ [塗りつぶしなし] をクリックする
❹ 図形の塗りつぶしの色がなしになる

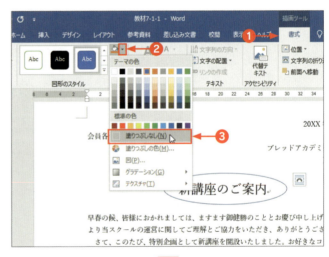

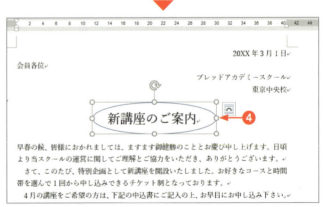

> **知っておくと便利！**
> ▶ 塗りつぶしの色
>
> [塗りつぶしの色] ボタンの一覧にない色は、[塗りつぶしの色] (Word2013では ([その他の色])) をクリックします。[色の設定] ダイアログボックスが表示されるので多数の色の中から選択できます。

2 枠線の色を変更します。

❶ [図形のスタイル] グループの [図形の枠線] ボタンの▼をクリックする
❷ [標準の色] の [緑] をクリックする
❸ 枠線の色が変更される

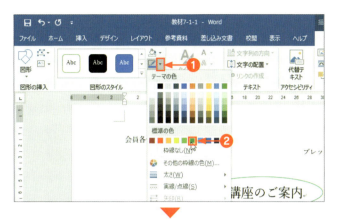

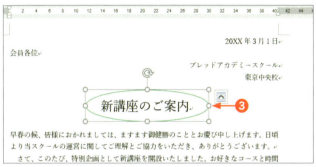

完成例ファイル　教材7-1-1（完成）

> **知っておくと便利！**
> ▶ 図形の作成
>
> 図形が選択されている場合は、[書式] タブの [図形の挿入] グループの [図形] ボタンをクリックしても図形が挿入できます。

> **知っておくと便利！**
> ▶ 枠線の太さや線の種類
>
> 図形の枠線の太さは、[図形の枠線] ボタンの▼をクリックして [太さ] をポイントして表示される一覧から選択します。線の種類の変更は、[実線/点線] の一覧から選択します。

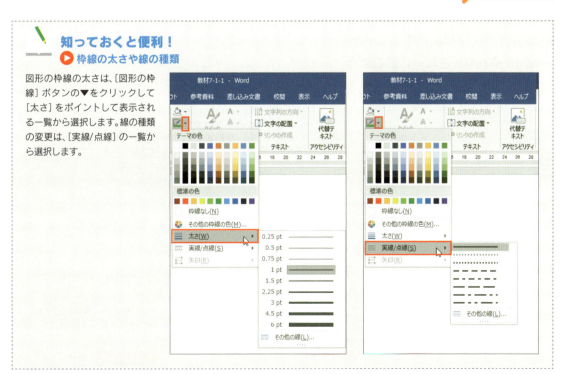

Chapter7　図形の挿入

図形のサイズ変更と移動

図形のサイズを変更するには、図形を選択すると表示されるサイズ変更ハンドルを、の状態でドラッグします。図形を移動するには、図形の内部または枠線を、の状態で移動先にドラッグします。

やってみよう──図形のサイズを変更する

教材ファイル 教材7-1-2

教材ファイル「教材7-1-2.docx」を開き、図形のサイズをタイトルよりひと回り大きくし、位置も変更しましょう。

1 図形のサイズを変更します。

❶ 図形をクリックして選択する
❷ 右下のサイズ変更ハンドルをポイントする
❸ マウスポインターが になったら、斜め下方向にドラッグして拡大する

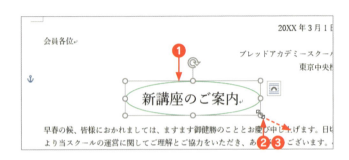

2 図形の位置を調整します。

❶ 図形のサイズが変更される
❷ 図形の枠線をポイントする
❸ マウスポインターが になったら、タイトルをきれいに囲むようにドラッグする

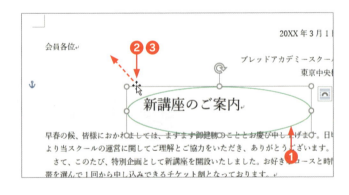

3 図形が移動します。

❶ 図形の位置が変更される

ここがポイント！
▶ 配置ガイド

図形をドラッグすると緑色の線が表示されることがあります。ページの中央や左右の端、行などの位置に図形を揃える目安にできます。

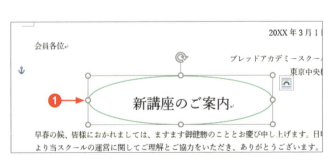

完成例ファイル 教材7-1-2（完成）

7-2 図形の書式を設定する

学習時間の目安 20 min

図形に、塗りつぶしや枠線の書式がセットになっているスタイルを設定したり、影をつけたりすることでインパクトのある文書を作成できます。また、図形の中に文字を追加したり、図形と文字の重なり順を変更したりして見やすくすることができます。

ここでの学習内容

図形のスタイルや、図形の効果を設定します。これらは文書のイメージに合わせて、また効果的に使用しましょう。図形の位置を変更したり、図形の中に文字列を挿入する操作も学習します。

Chapter7　図形の挿入

図形のスタイルと効果

図形のスタイルを変更するには、[書式] タブの [図形のスタイル] グループを使用します。図形の色や枠線の書式がセットになったスタイルの一覧から選択ができます。また、[図形の効果] ボタンをクリックした一覧から影や反射、3-D回転などの効果を設定することができます。

やってみよう──図形のスタイルを適用する

教材ファイル ▶ 教材7-2-1

教材ファイル「教材7-2-1.docx」を開き、文書の先頭に「リボン：カーブして上方向に曲がる」の図形を挿入し、スタイル「パステル – オレンジ、アクセント2」を設定しましょう。

1 図形を描きます。

① [挿入] タブをクリックする
② [図] グループの [図形] ボタンをクリックする
③ [星とリボン] の一覧の [リボン：カーブして上方向に曲がる] をクリックする
④ ドラッグして図形を描く

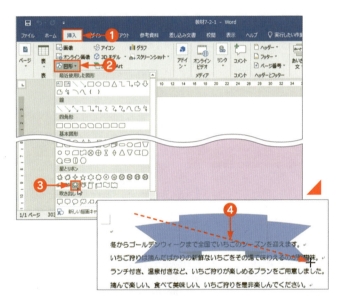

2 図形のスタイルの一覧を表示します。

① [描画ツール] の [書式] タブが表示されていることを確認する
② [図形のスタイル] グループの [その他] ボタンをクリックする

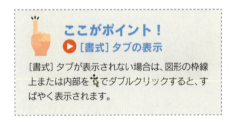

ここがポイント！
▶ [書式] タブの表示

[書式] タブが表示されない場合は、図形の枠線上または内部をマウスでダブルクリックすると、すばやく表示されます。

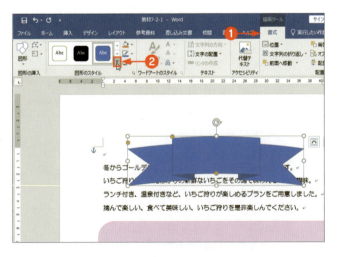

3 一覧からスタイルを選択します。

❶ 図形のスタイルの一覧の [パステル – オレンジ、アクセント2] をクリックする
❷ 図形にスタイルが設定される

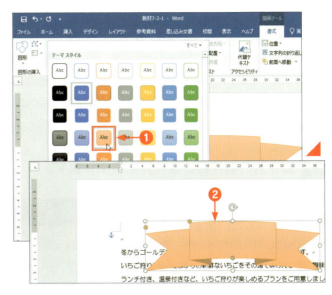

やってみよう─図形の効果を設定する

描いた図形に影の効果「オフセット：上」を設定しましょう。

1 図形の効果の [影] の一覧を表示します。

❶ 図形が選択されている状態のまま、[書式] タブの [図形のスタイル] グループの [図形の効果] ボタンをクリックする
❷ [影] をポイントする
❸ 一覧の [オフセット：上] をクリックする

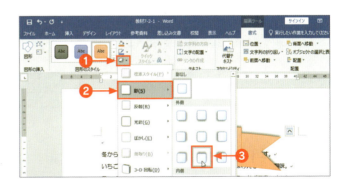

2 図形の効果が設定されます。

❶ 図形に上部に影の効果が設定される

知っておくと便利！
▶ 図形の効果

[図形の効果] ボタンの効果をポイントすると、図形に反映され、プレビューが表示されるので、イメージを確認しながら設定できます。

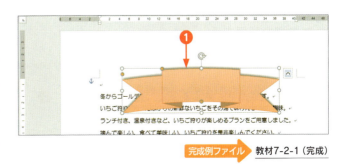

文字列の折り返し

図形を挿入すると、文字列の前面に配置されます。図形の位置を自由に変更したり、文字列との配置を整えるには、[描画ツール]の[書式]タブの[テキスト]グループの[文字列の折り返し]ボタンで文字列の折り返しを設定します。

やってみよう —文字列の折り返しを設定する

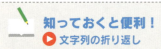　教材7-2-2

教材ファイル「教材7-2-2.docx」を開き、図形の文字列の折り返しを「上下」に変更しましょう。

1 文字列の折り返しの一覧を表示します。

❶ 図形をダブルクリックする
❷ [描画ツール]の[書式]タブが表示される
❸ [配置]グループの[文字列の折り返し]ボタンをクリックする
❹ [上下]をクリックする

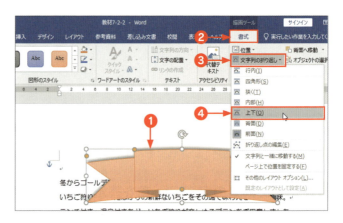

知っておくと便利！
▶ 文字列の折り返し

図形を選択すると右側に [レイアウトオプション] が表示されます。このボタンをクリックしても文字列の折り返しの設定を変更できます。

ここがポイント！
▶ 文字列の折り返しの種類

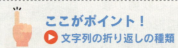

文章の中に図形を配置する場合は、[四角形]（Word2013では[四角]）や[狭く]（Word2013では[外周]）、タイトルなどのように図形の横に文字を配置しない場合は[上下]を指定します。

2 図形をドラッグして位置を変更します。

❶ 図形の下に表示されていた文字列の位置が変更される
❷ 必要に応じて、図形をドラッグして位置を変更する

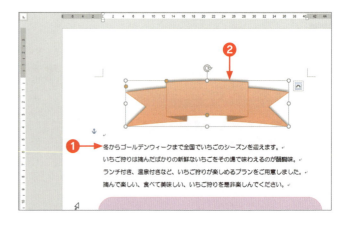

やってみよう──図形へ文字を入力する

図形を選択して文字を入力するだけで、図形内の文字として挿入されます。図形内に「いちご狩りに行こう！」と入力し、書式を設定しましょう。

1 図形を選択して、文字を入力します。

❶ 図形が選択されていることを確認する
❷ 「いちご狩りに行こう！」と入力する

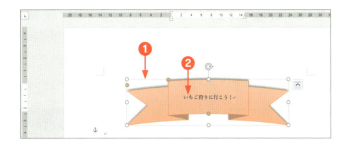

2 フォントを変更します。

❶ 図形の枠をクリックする
❷ [ホーム] タブをクリックする
❸ [フォント] グループの [フォント] ボックスの▼をクリックする
❹ [HG丸ゴシックM-PRO] をクリックする
❺ フォントが変更される

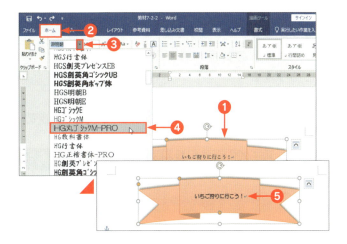

2 フォントサイズを変更します。

❶ 図形が選択された状態のまま [ホーム] タブの [フォント] グループの [フォントサイズ] ボックスの▼をクリックする
❷ [14] をクリックする
❸ フォントサイズが変更される

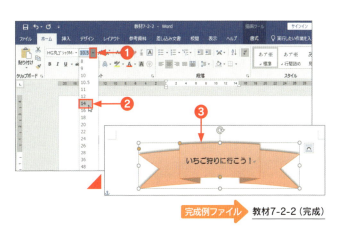

完成例ファイル　教材7-2-2（完成）

図形の重なり順の変更

複数の図形を描くと、描いた順番に上に重なります。図形と文字列の場合は図形が上に配置されます。これらの図形の重なりの順番は［描画ツール］の［書式］タブの［配置］グループの［前面へ移動］ボタン、［背面へ移動］ボタンで変更することができます。

やってみよう — 図形を文字列の背面へ移動する

教材ファイル ▶ 教材7-2-3

教材ファイル「教材7-2-3.docx」を開き、角丸四角形の図形を文字列の背面に移動しましょう。

1 図形を背面に移動します。

❶ ピンク色の図形をダブルクリックする
❷［描画ツール］の［書式］タブが表示される
❸［配置］グループの［背面へ移動］ボタンの▼をクリックする
❹［テキストの背面へ移動］をクリックする

2 図形が文字列の背面へ移動し、文字列が読めるようになります。

❶ 図形が文字列の後ろに移動する

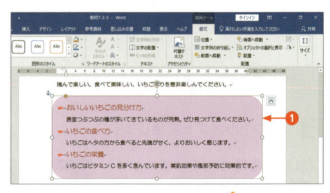

完成例ファイル ▶ 教材7-2-3（完成）

 ここがポイント！
▶［背面へ移動］ボタンの使い方

図形と文字列が重なって文字が見えない場合は、この操作のように［テキストの背面へ移動］を選択します。複数の図形が重なっているときは［背面へ移動］ボタンをクリックするごとに1つずつ背面へ移動します。複数の図形の一番後ろにすばやく配置したい場合は、［背面へ移動］ボタンの▼の［最背面へ移動］を選択します。
［前面へ移動］ボタンは、その逆の働きとなり、選択した図形を他の図形の上に配置します。

7-3 自由な位置に文字を挿入する

学習時間の目安 10 min

学習日・理解度チェック
月　日　☐
月　日　☐
月　日　☐

テキストボックスを使うと、文書内の自由な位置に文字を追加することができます。テキストボックスには横書きと縦書きがあります。

ここでの学習内容

テキストボックスについて学習します。テキストボックスは、図形の一種で、テキストボックスの枠線をなしにすると、文字列だけが表示されます。

罫線の上にテキストボックスを挿入し、枠線をなしにする

Chapter7　図形の挿入　141

テキストボックスの挿入

テキストボックスは、[挿入] タブの [図] グループの [図形] ボタンの [基本図形] の一覧から選択します。四角形を描くときと同様に、ドラッグして描画し、次に文字列を入力します。

やってみよう ―テキストボックスを挿入する

教材ファイル　教材7-3-1

教材ファイル「教材7-3-1.docx」を開き、「申込書」の上の点線に「切り取り線」のテキストボックスを作成しましょう。

1 テキストボックスを選択します。

❶ [挿入] タブをクリックする
❷ [図] ツールの [図形] ボタンをクリックする
❸ [基本図形] の [テキストボックス] をクリックする

知っておくと便利！
▶ 縦書きテキストボックス

縦書きのテキストボックスも用意されています。[基本図形] の [縦書きテキストボックス] をクリックします。

2 ドラッグしてテキストボックスを描きます。

❶ マウスポインターが ＋ になる
❷ 左上から右斜め下にドラッグする

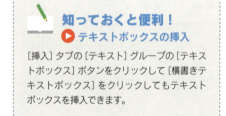

知っておくと便利！
▶ テキストボックスの挿入

[挿入] タブの [テキスト] グループの [テキストボックス] ボタンをクリックして [横書きテキストボックス] をクリックしてもテキストボックスを挿入できます。

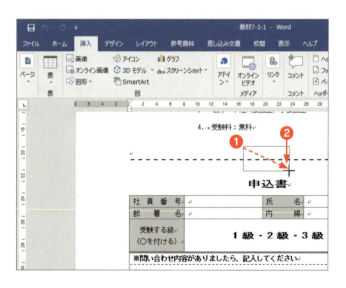

3 テキストボックスに文字を入力します。

❶ テキストボックスが挿入される
❷「切り取り線」と入力する

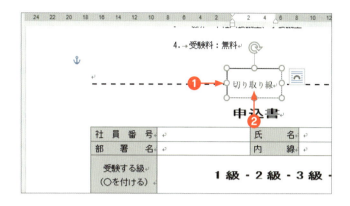

4 テキストボックスの枠線をなしにします。

❶[描画ツール]の[書式]タブの[図形のスタイル]グループの[図形の枠線]ボタンの▼をクリックする
❷[枠線なし]をクリックする
❸ テキストボックスの枠線がなしになる

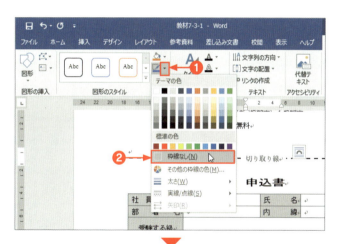

❷は[線なし]をクリックします。

テキストボックスはドラッグして移動ができ、ページの余白やインデントに関係なく自由な位置に配置できます。また、テキストボックス内の文字列は[ホーム]タブの[フォント]グループのボタンから書式設定ができます。

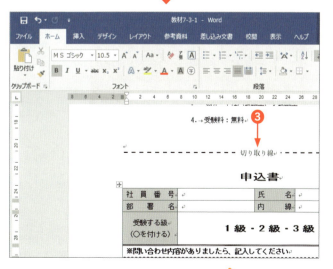

Chapter7 図形の挿入　143

Chapter 7

練習問題

学習日・理解度チェック

　月　　日　☐
　月　　日　☐
　月　　日　☐

練習7-1

「練習問題」フォルダーから「練習7-1.docx」を開き、次の操作をしましょう。操作後は、同じファイル名で保存し、文書を閉じましょう。

練習問題ファイル ➡ 練習7-1

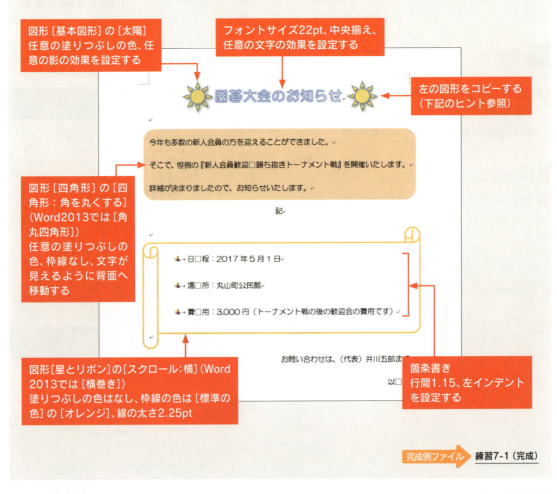

完成例ファイル ➡ 練習7-1（完成）

知っておくと便利！
▶ 図形のコピー

同じ図形を作成したい場合は、図形をコピーすると便利です。図形の枠線または内部をポイントし、になったら、Ctrlキーを押しながらコピー先にドラッグします。なお、水平、垂直方向にコピーするには、Ctrlキーを押す操作に加えてShiftキーを押しながらドラッグします。

Chapter 8

グラフィックの挿入

文書を視覚的に表現する機能として、インパクトのある装飾文字を作成するワードアート、複雑な図表を簡単に作成するSmartArt、図や画像への視覚スタイルなどがあります。これらの機能を活用すると、見栄えよくわかりやすい文書を作成できます。

8-1 図を挿入する →146ページ

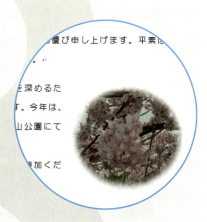

8-2 ワードアートを作成する →152ページ

8-3 SmartArtを挿入する →157ページ

8-1 図を挿入する

学習時間の目安 20 min
学習日・理解度チェック
月　日　□
月　日　□
月　日　□

文書に画像やイラストなどの図を追加することができます。図と文章をバランスよく配置したり、スタイルや効果を設定して見た目を変更することができます。

ここでの学習内容

ここでは、図を挿入し、文書内で効果的に表示する方法を学習します。図のサイズや位置を調整したり、スタイルを設定したりします。図と文章をバランスよく配置するためには、文字列の折り返しの設定も必要になります。

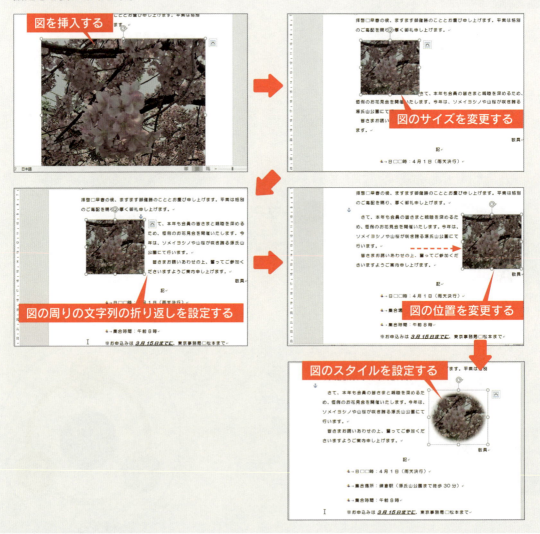

図の挿入

デジタルカメラで作成した写真などPCに保存した画像は、[図の挿入] ダイアログボックスを使用して文書に挿入します。挿入した画像の位置を変更するには、文字列の折り返しを設定します。

やってみよう─保存している画像を挿入する

教材ファイル ▶ 教材8-1-1、桜

教材ファイル「教材8-1-1.docx」を開き、「さて…」の段落の行頭に、「Wordテキスト」フォルダーの画像ファイル「桜.jpg」を挿入しましょう。

1 [図の挿入] ダイアログボックスを表示します。

❶ 図を挿入する位置にカーソルを移動する
❷ [挿入] タブをクリックする
❸ [図] グループの [画像] ボタンをクリックする

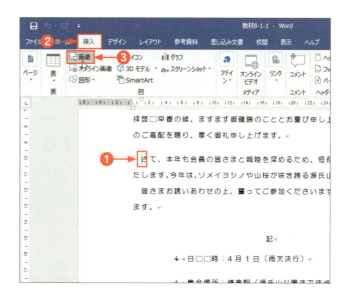

2 画像の保存先に切り替え、ファイルを指定します。

❶ [図の挿入] ダイアログボックスが表示される
❷ [ドキュメント] をクリックする
❸ [Wordテキスト] フォルダーをダブルクリックする
❹ 画像ファイル「桜」をクリックする
❺ [挿入] ボタンをクリックする

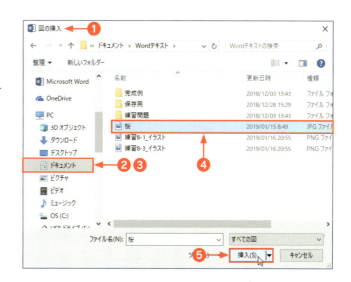

3 画像が挿入されます。

❶ カーソルの位置に画像が挿入される

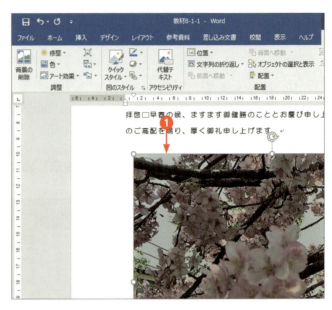

やってみよう ― サイズを変更する

画像のサイズは、図形と同様にサイズ変更ハンドルをドラッグして変更できますが、[書式] タブの [サイズ] グループの [図形の高さ] ボックス、[図形の幅] ボックスを使用すると数値で指定できます。挿入した画像の高さを48mmに変更しましょう。

1 画像の高さを指定します。

❶ [図ツール] の [書式] タブが表示されていることを確認する
❷ [サイズ] グループの [図形の高さ] ボックスに「48」と入力する
❸ 画像の高さと幅が変更される

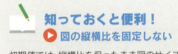

知っておくと便利！
▶ 図の縦横比を固定しない

初期値では、縦横比を保ったまま図のサイズが変更されるため、[図形の高さ] ボックスを指定すると [図形の幅] ボックスの値も変更されます。縦横比を保ちたくない場合は、[サイズ] グループの [ダイアログボックス起動ツール] をクリックして、[レイアウト] ダイアログボックスの [サイズ] タブの [縦横比を固定する] チェックボックスをオフにします。

完成例ファイル　教材8-1-1（完成）

図と文字列の配置

挿入した図はカーソルの位置に挿入され、周りの文字列の折り返しは「行内」になっています。この状態では図を自由な位置に移動させることができません。文字列とバランスよく配置させるためには、文字列の折り返しを「行内」以外に変更する必要があります。

―文字列の折り返しを変更する　　教材ファイル 教材8-1-2

教材ファイル「教材8-1-2.docx」を開き、図の周りの文字列の折り返しを「四角形」に変更し、本文の右側に配置しましょう。

1 文字列の折り返しを変更します。

❶画像をクリックする
❷[図ツール]の[書式]タブをクリックする
❸[配置]グループの[文字列の折り返し]ボタンをクリックする
❹[四角形]をクリックする

> **Word2013の場合**
> ❷は[四角]を選択します。

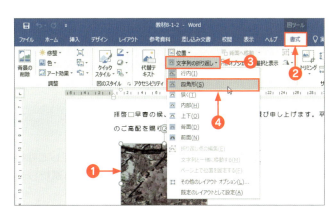

2 文字列の折り返しが変更されます。

❶画像の周りの文字の位置が変更される

図を選択すると右側に [レイアウトオプション] が表示されます。このボタンをクリックしても文字列の折り返しの設定を変更できます。

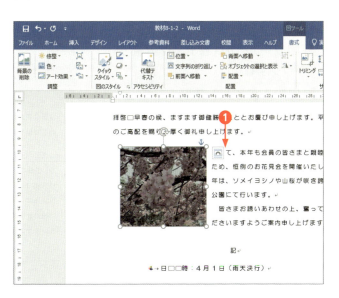

Chapter8　グラフィックの挿入

3 図を本文の右側に移動します。

❶ 画像の枠線または内側をポイントし、マウスポインターが ✥ になったら、右側にドラッグする
❷ 画像が移動する

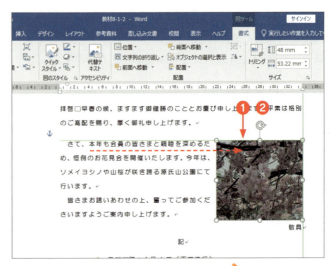

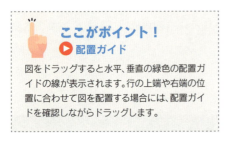

図をドラッグすると水平、垂直の緑色の配置ガイドの線が表示されます。行の上端や右端の位置に合わせて図を配置する場合には、配置ガイドを確認しながらドラッグします。

完成例ファイル 教材8-1-2（完成）

図のスタイルの設定

図には、縁取りやぼかしなどの図のスタイルを設定して効果的に表示することができます。[図ツール] の [書式] タブの [図のスタイル] グループの一覧から選択します。

やってみよう — 図のスタイルを適用する

教材ファイル 教材8-1-3

教材ファイル「教材8-1-3.docx」を開き、画像に「楕円、ぼかし」の図のスタイルを設定しましょう。

1 図のスタイルの一覧を表示します。

❶ 画像をクリックする
❷ [図ツール] の [書式] タブをクリックする
❸ [図のスタイル] グループの [クイックスタイル] ボタンをクリックする

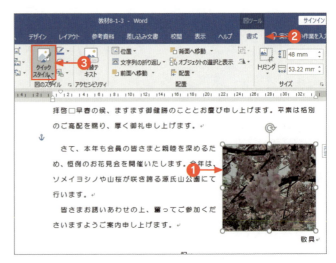

Word2016、2013の場合
❸ は [その他] ボタンです。

2 図のスタイルを選択します。

❶ 図のスタイルの一覧が表示される
❷ [楕円、ぼかし] をクリックする

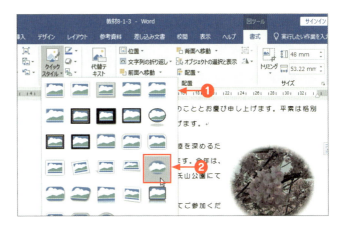

> **知っておくと便利！**
> ▶ リアルタイムプレビュー
>
> スタイルをポイントすると、図にスタイルのイメージが表示されます。選択する前にイメージを確認できます。

3 図に選択したスタイルが適用されます。

❶ 画像に図のスタイルが設定される

完成例ファイル　教材8-1-3（完成）

ここがポイント！
▶ 図の視覚効果

上記のスタイル以外にも図の効果が用意されています。[図のスタイル] グループの [図の効果] ボタンをクリックすると、影、反射、光彩、面取りなど視覚効果の一覧から詳細な効果を設定できます。

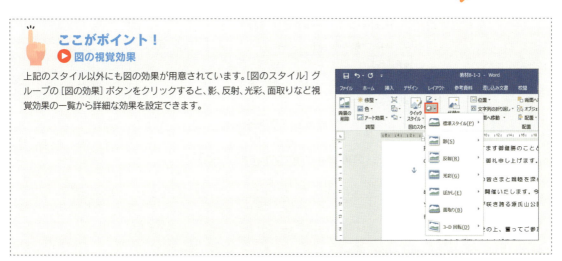

Chapter8　グラフィックの挿入

8-2 ワードアートを作成する

学習時間の目安 15 min

ワードアートとは、デザイン効果のある装飾文字を作成する機能です。インパクトのあるタイトルや見出しなどを作成するときに利用します。

ここでの学習内容

ワードアートについて学習します。ワードアートはさまざまなデザインから選択して作成ができます。挿入後に表示される[書式]タブで周りの文字列の折り返しや文字の効果を設定したり、[ホーム]タブでフォントサイズを変更したりができます。

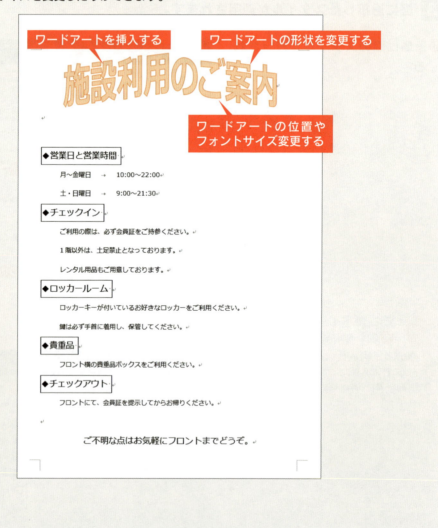

ワードアートの挿入

ワードアートは、[挿入] タブの [テキスト] グループの [ワードアートの挿入] ボタンをクリックしてデザインの一覧から選択し、次に表示される枠内に文字を入力します。

やってみよう — ワードアートを挿入する

教材ファイル　教材8-2-1

教材ファイル「教材8-2-1.docx」を開き、1行目に「施設利用のご案内」というオレンジ色の塗りつぶしのワードアートを作成しましょう。

1 ワードアートの種類を選択します。

❶ 1行目にカーソルが表示されていることを確認する
❷ [挿入] タブをクリックする
❸ [テキスト] グループの [ワードアートの挿入] ボタンをクリックする
❹ 一覧の [塗りつぶし：オレンジ、アクセントカラー 2；輪郭：オレンジ、アクセントカラー 2] をクリックする

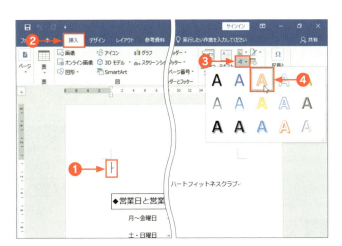

2 ワードアートの枠が表示されます。

❶ ワードアートの枠が表示される
❷ [ここに文字を入力] が選択されているので、「施設利用のご案内」と入力する
❸ ワードアートが作成される

Chapter8　グラフィックの挿入

やってみよう —ワードアート文字列の折り返しを変更する

ワードアートを挿入すると、文字列の前面に配置されます。ワードアートの周囲の文字列の折り返しを「上下」に変更しましょう。

1 文字列の折り返しの一覧を表示します。

❶ ワードアートが選択された状態のまま、[描画ツール] の [書式] タブの [配置] グループの [文字列の折り返し] ボタンをクリックする
❷ [上下] をクリックする

2 文字列の折り返しが変更されます。

❶ ワードアートの下に表示されていた文字位置が変更され、ワードアートは1行目の上に配置される

完成例ファイル 教材8-2-1（完成）

ワードアートの文字の効果

通常の文字とは違い、その形状を変えたり、回転させたりすることができるのがワードアートの特長のひとつです。ワードアートを選択すると表示される[描画ツール]の[書式]タブの[ワードアートのスタイル]グループのボタンを使用します。

やってみよう ― ワードアートの形状を変更する　教材ファイル▶教材8-2-2

教材ファイル「教材8-2-2.docx」を開き、ワードアートに文字の効果を設定し、「シェブロン：上」という形状に変更し、行の中央に配置しましょう。

1　文字の効果の変形の一覧を表示します。

❶ ワードアートをクリックする
❷ [描画]ツールの[書式]タブをクリックする
❸ [ワードアートのスタイル]グループの[文字の効果]ボタンをクリックする
❹ [変形]をポイントする
❺ 一覧の[シェブロン：上]をクリックする

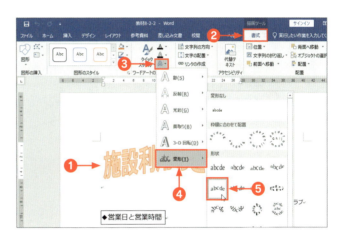

2　ワードアートを行の中央に移動します。

❶ ワードアートの形状が変形される
❷ ワードアートの枠線をドラッグして、行の中央に移動する

>
> **ここがポイント！**
> ▶ **文字の効果を元に戻す**
>
> ワードアートの文字の効果を取り消すには、同じ一覧の一番上にある[〇〇なし]をクリックします。複数の効果を設定した場合にまとめて解除するには、[ワードアートスタイル]グループにある[クイックスタイル]ボタンをクリックして一覧から元のスタイルを選択するのが早いです。

やってみよう — ワードアートのフォントサイズを変更する

ワードアートのフォントサイズを44ptに変更しましょう。

1 ワードアートのフォントサイズを変更します。

❶ ワードアートの枠を選択した状態のまま、[ホーム] タブをクリックする

❷ [フォント] グループの [フォントサイズ] ボックスに「44」と入力する

❸ ワードアートのフォントサイズが変更される

> **ここがポイント！**
> ▶ ワードアートの書式
>
> 作成したワードアートのフォントやフォントサイズなどは、通常の文字列と同様に [ホーム] タブの [フォント] グループのボタンで変更できます。[フォントサイズ] ボックスの一覧にないサイズは、ボックス内に直接入力して指定できます。

完成例ファイル ▶ 教材8-2-2（完成）

知っておくと便利！
▶ 文字列からワードアートを作成する

文書に入力済みの文字列を選択して、[ワードアートの挿入] ボタンをクリックして、スタイルを選択すると、その文字列がそのままワードアートに変換されます。

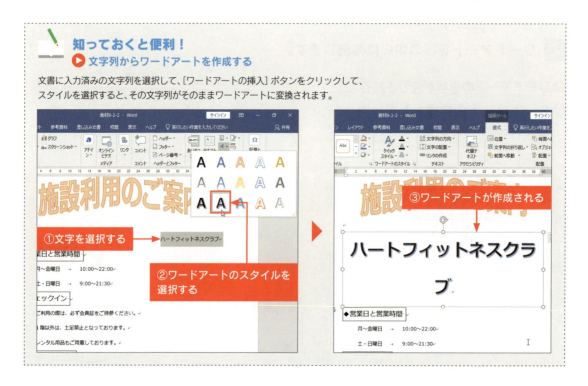

8-3 SmartArtを挿入する

学習時間の目安 15 min

SmartArtとは、手順図やリストなどよく使われる図がまとめられたものです。他に、階層構造、マトリックスなど、多数の図表が用意されています。SmartArtを使用すると、文章だとわかりにくい内容も図解にすることで伝わりやすくなります。

ここでの学習内容

SmartArtについて学習します。SmartArtを挿入し、図形に文字を入力します。SmartArtは色を変更したり、図形を追加したり削除したり、レイアウトを変更することができます。

SmartArtの挿入

SmartArtを挿入するには、[SmartArtグラフィックの選択]ダイアログボックスを表示し、一覧から目的のSmartArtを選択します。図表に文字を入力するには、自動的に表示されるテキストウィンドウを使用すると効率よく入力できますが、図形に直接入力することもできます。

やってみよう―SmartArtを挿入する

教材ファイル 教材8-3-1

教材ファイル「教材8-3-1.docx」を開き、5行目に「中心付き循環」のSmartArtを挿入し、文字を入力しましょう。

1 [SmartArtグラフィックの選択]ダイアログボックスを表示します。

❶ SmartArtを挿入する位置にカーソルを移動する
❷ [挿入]タブをクリックする
❸ [図]グループの[SmartArt]ボタンをクリックする

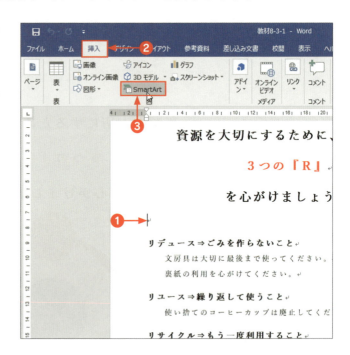

2 SmartArtグラフィックの[循環]の[中心付き循環]を選択します。

❶ [SmartArtグラフィックの選択]ダイアログボックスが表示される
❷ [循環]をクリックする
❸ [中心付き循環]をクリックする
❹ 選択したSmartArtのイメージと説明が表示される
❺ [OK]ボタンをクリックする

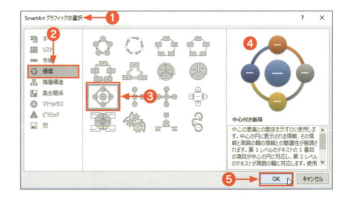

3 SmartArtグラフィックが表示されます。

❶ SmartArtが挿入される
❷ [テキストウィンドウ] が表示される

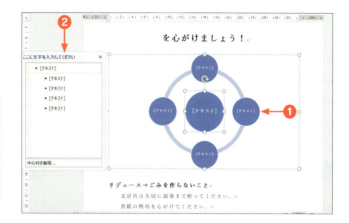

> **ここがポイント！**
> ▶ テキストウィンドウの表示
>
> [テキストウィンドウ] が表示されていない場合は、[SmartArtツール] の [デザイン] タブの [テキストウィンドウ] ボタンをクリックします。

4 [テキストウィンドウ] に文字を入力し、不要な図形を削除します。

❶ [テキストウィンドウ] の1行目に「3つのRが大切」と入力する
❷ ↓キーを押しながら下に「リデュース」「リユース」、「リサイクル」と入力する
❸ [テキスト] と表示されている図形の枠をクリックして選択し、Delete キーを押す

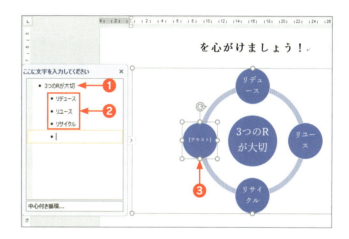

5 [テキストウィンドウ] を閉じます。

❶ 図形に文字が入力される
❷ [テキストウィンドウ]の[閉じる]をクリックする

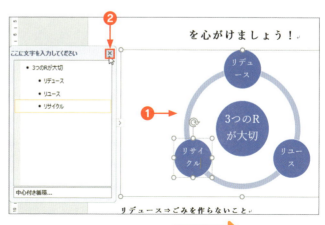

> **知っておくと便利！**
> ▶ 図形の入力と削除
>
> 図形内の [テキスト] の箇所に直接入力したり、不要な図形は、図形を選択して Delete キーを押しても削除できます。

完成例ファイル 教材8-3-1（完成）

Chapter8 グラフィックの挿入 159

SmartArtの編集

SmartArtを選択すると表示される[SmartArtツール]の[デザイン]タブを利用して、SmartArtの色やデザインを変更できます。

やってみよう―SmartArtを編集する

教材ファイル　教材8-3-2

教材ファイル「教材8-3-2.docx」を開き、SmartArtの色を[カラフル－全アクセント]に変更し、「リユース」と「リサイクル」の図形の位置を入れ替えましょう。

1 SmartArtの色のバリエーションの一覧を表示して、選択します。

❶ SmartArtをクリックする
❷ [SmartArtツール]の[デザイン]タブをクリックする
❸ [SmartArtのスタイル]グループの[色の変更]ボタンをクリックする
❹ [カラフル]の[カラフル－全アクセント]をクリックする

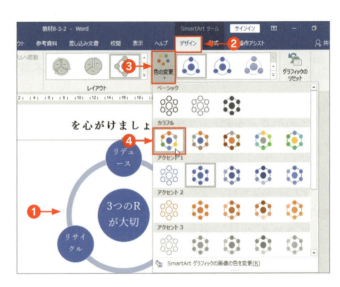

2 SmartArtの色が変更されます。

❶ 全体の色が変更される

知っておくと便利！
▶ 図形の色

1つずつの図形の色を変更したい場合は、図形を選択して、[SmartArtツール]の[書式]タブの[図形のスタイル]の各ボタンを使用します。

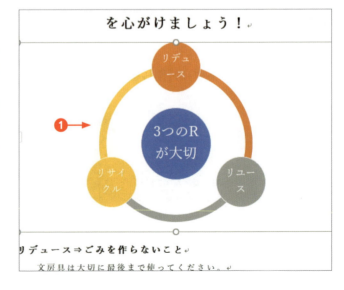

3 図形の左右の位置を入れ替えます。

❶ [SmartArtツール] の [デザイン] タブの [グラフィックの作成] グループの [右から左] ボタンをクリックする

4 「リサイクル」と「リユース」の図形の位置が入れ替わります。

❶ 図形の左右が入れ替わる

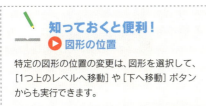

知っておくと便利！
▶ 図形の位置

特定の図形の位置の変更は、図形を選択して、[1つ上のレベルへ移動] や [下へ移動] ボタンからも実行できます。

ここがポイント！
▶ 書式設定を元に戻すには

[SmartArtツール] の [デザイン] タブの [リセット] グループの [グラフィックのリセット] ボタンをクリックすると、SmartArtに設定した書式設定をすべて取り消しして、最初の状態に戻すことができます。

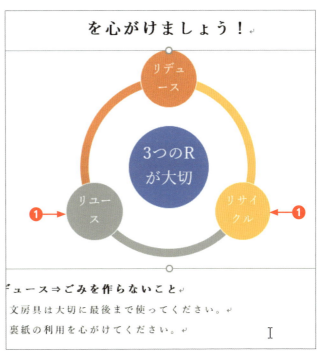

完成例ファイル　教材8-3-2（完成）

Chapter 8

練習問題

学習日・理解度チェック

練習8-1

「練習問題」フォルダーから「練習8-1.docx」を開き、次の操作をしましょう。操作後は、「保存用」フォルダーに同じファイル名で保存し、文書を閉じましょう。

練習問題ファイル　練習8-1、練習8-1_イラスト

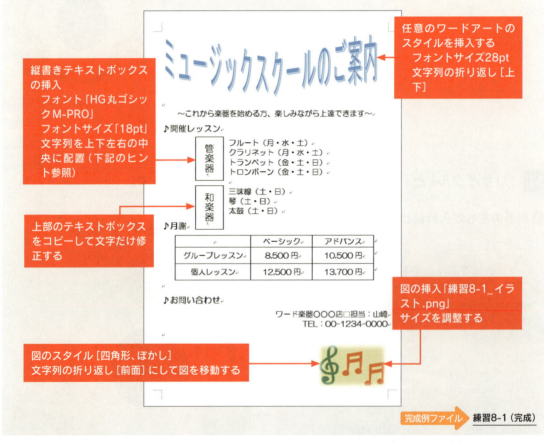

任意のワードアートのスタイルを挿入する
フォントサイズ28pt
文字列の折り返し［上下］

縦書きテキストボックスの挿入
フォント「HG丸ゴシックM-PRO」
フォントサイズ「18pt」
文字列を上下左右の中央に配置（下記のヒント参照）

上部のテキストボックスをコピーして文字だけ修正する

図の挿入「練習8-1_イラスト.png」
サイズを調整する

図のスタイル［四角形、ぼかし］
文字列の折り返し［前面］にして図を移動する

完成例ファイル　練習8-1（完成）

ここがポイント！
▶ 縦書きテキストボックスの文字の配置

縦書きテキストボックスの場合、上下の文字位置は、［ホーム］タブの［段落］グループの［上下中央揃え］ボタンで設定します。また、横幅の中央に文字を配置するには、［描画ツール］の［書式］タブの［テキスト］グループの［文字の配置］ボタンをクリックして、［中央揃え］をクリックします。

練習8-2

「練習問題」フォルダーから「練習8-2.docx」を開き、次の操作をしましょう。操作後は、「保存用」フォルダーに同じファイル名で保存し、文書を閉じましょう。

練習問題ファイル ▶ 練習8-2

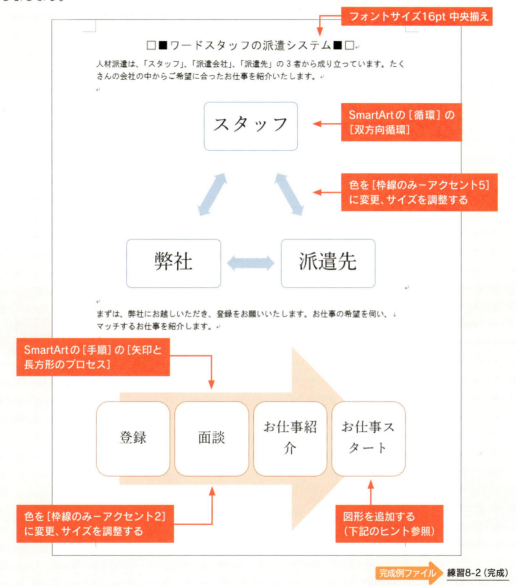

完成例ファイル ▶ 練習8-2（完成）

ここがポイント！

▶ SmartArtの図形の追加

[テキストウィンドウ]で Enter キーを押して行を作成するか、または挿入する位置の図形を選択して、[SmartArtツール]の[デザイン]タブの[グラフィックの作成]グループの[図形の追加]ボタンをクリックします。また、[図形の追加]ボタンの▼からは、前や後、右や左といった挿入位置を指定して図形を挿入することもできます。

Chapter8　グラフィックの挿入　163

練習8-3

「練習問題」フォルダーから「練習8-3.docx」を開き、次の操作をしましょう。操作後は、「保存用」フォルダーに同じファイル名で保存し、文書を閉じましょう。

練習問題ファイル ▶ 練習8-3、練習8-3_画像

1行目を任意のスタイルのワードアートに変換する（156ページのヒント参照）
フォントサイズ32pt
文字列折り返し［上下］

図の挿入「練習8-3_画像.jpg」
文字列の折り返し［四角形］（Word2013は［四角］）
サイズ（縦48mm）、位置を変更する
図のスタイル［対角を丸めた四角形、白］

SmartArt［手順］の［縦方向プロセス］

色を［カラフル－アクセント5から6］に変更する

完成例ファイル ▶ 練習8-3（完成）

Chapter 9

文書のレイアウト機能

Wordには文書を思い通りにレイアウトするため機能があります。文字を指定の位置に揃えるタブ、複数の段に配置する段組み、文書の上下の余白に文書情報やページ番号を挿入するヘッダーやフッター、文書の背景に書式を設定するページの色、透かし、テーマの設定など、どの機能も覚えておくと役立つ機能です。

- **9-1** タブを設定する →166ページ
- **9-2** ヘッダー・フッターを作成する →172ページ
- **9-3** ページ番号を設定する →178ページ

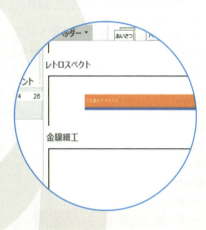

- **9-4** 段組みを設定する →183ページ
- **9-5** ページの背景を設定する →188ページ
- **9-6** ページのレイアウトを変更する →195ページ

- **9-7** テーマを適用する →199ページ
- **9-8** 検索や置換を利用する →204ページ

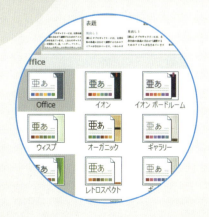

9-1 タブを設定する

学習時間の目安 20 min

上下の段落で文字位置を揃えたいときにスペースを挿入した場合、うまく揃わないことがあります。タブの機能を使用すれば同じ位置にきれいに揃えることができます。

ここでの学習内容

ここでは、タブの機能全般を学習します。タブの種類は、左揃え、中央揃え、右揃えといった位置を指定するタブと数値の桁の位置を揃える小数点揃えタブがあります。タブの設定方法として、画面のルーラー上をクリックしてタブマーカーを挿入する方法と、[タブとリーダー] ダイアログボックスを使用する方法があります。

- 左揃えタブを挿入する
- 中央揃えタブを挿入する
- リーダー付きの小数点揃えタブを挿入する

左揃えタブの設定

水平ルーラーの左側に表示されている左揃えタブは、タブの中で一番よく使用されるタブです。あらかじめ、文字を揃えたい位置の前でTabキーを押しておき、水平ルーラー上をクリックします。水平ルーラーに└左揃えタブマーカーが挿入され、その位置に文字が揃います。

やってみよう — スペースの代わりに左揃えタブを挿入する

教材ファイル：教材9-1-1

教材ファイル「教材9-1-1.docx」を開き、箇条書きの行にあるスペース（空白）を削除してタブを挿入し、「14字」の位置に左揃えタブを設定しましょう。

1 空白を削除し、タブを挿入します。

❶ 箇条書きの項目名の後ろのスペース（空白）を削除する
❷ Tabキーを押す

ここがポイント！
▶ Tabキーの間隔
Tabキーを押すと、既定では約4字間隔の空きが挿入されます。

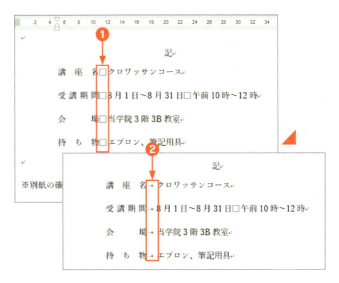

2 左揃えタブマーカーを挿入します。

❶ 水平ルーラーの左側に左揃えタブマーカーが表示されていることを確認する
❷ タブを設定する段落を選択する
❸ 水平ルーラーの14の位置をクリックする

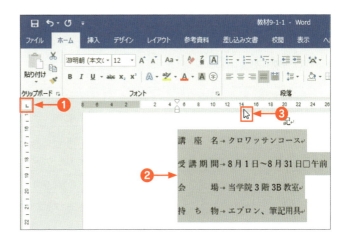

3 タブマーカーが挿入され、文字位置が変更されます。

❶ ルーラーに左揃えタブマーカーが挿入される
❷ 14の位置に文字の位置が揃う

ここがポイント！
▶ タブ位置の変更

ルーラーに表示されたタブマーカーをドラッグしてタブの位置を変更することができます。

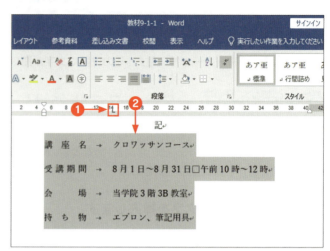

完成例ファイル **教材9-1-1（完成）**

知っておくと便利！
▶ タブの削除

挿入したタブを削除するには、ルーラーの外にタブマーカーをドラッグすると左揃えタブが削除され、既定のタブ間隔に戻ります。

知っておくと便利！
▶ タブの種類の切り替え

水平ルーラーの左側の左揃えタブの部分をクリックすると、中央揃えタブ、右揃えタブ、小数点揃えタブ、縦棒タブの順にタブの種類が変更されます。左揃え以外のタブを挿入するには、ここをクリックして種類を変更してから上記の操作を行います。

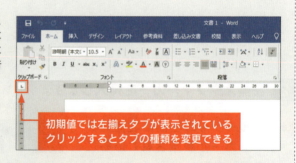

タブの種類は以下になります。

タブマーカー	タブの名称	働き
L	左揃えタブ	タブ位置に文字列の左端を揃える
⊥	中央揃えタブ	タブ位置に文字列の中央を揃える
⌐	右揃えタブ	タブ位置に文字列の右端を揃える
⊥.	小数点揃えタブ	タブ位置に数値の小数点の位置を揃える
│	縦棒タブ	タブ位置に縦線が挿入される（文字位置は揃えない）

複数のタブの設定

タブの間隔を数値で指定したり、段落内に複数のタブをまとめて挿入したい場合は、[タブとリーダー] ダイアログボックスを使用すると効率よく設定できます。タブの間隔に線を表示するリーダーという機能も、このダイアログボックスで設定できます。

やってみよう ― 複数のタブを挿入する

教材ファイル　教材9-1-2

教材ファイル「教材9-1-2.docx」を開き、箇条書きの行に「20字」の中央揃えタブ、「36字」にリーダー付きの小数点揃えタブを挿入しましょう。

1 [段落] ダイアログボックスを表示します。

❶ タブを設定する段落を選択する
❷ [ホーム] タブの [段落] グループの [ダイアログボックス起動ツール] をクリックする

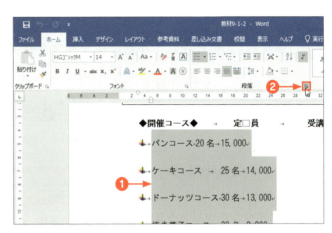

ここがポイント！
▶ タブの挿入

この文書の3行目から6行目の箇条書きには、あらかじめ定員と受講料の前に [Tab] キーでタブを挿入してあります。

2 [タブとリーダー] ダイアログボックスを表示します。

❶ [段落] ダイアログボックスが表示される
❷ [タブ設定] ボタンをクリックする

Chapter9　文書のレイアウト機能

3 「定員」の位置としての中央揃えタブを指定します。

❶ [タブとリーダー] ダイアログボックスが表示される
❷ [タブ位置] ボックスに「20」と入力する
❸ [配置] の [中央揃え] をクリックする
❹ [設定] ボタンをクリックする

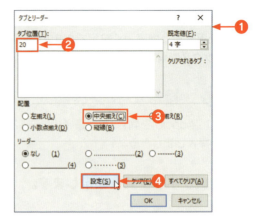

4 「受講料」の位置として小数点揃えタブとリーダーを指定します。

❶ [タブ位置] ボックスに「36」と入力する
❷ [配置] の [小数点揃え] をクリックする
❸ [リーダー] の種類をクリックする
❹ [設定] ボタンをクリックする
❺ 設定したタブが表示される
❻ [OK] ボタンをクリックする

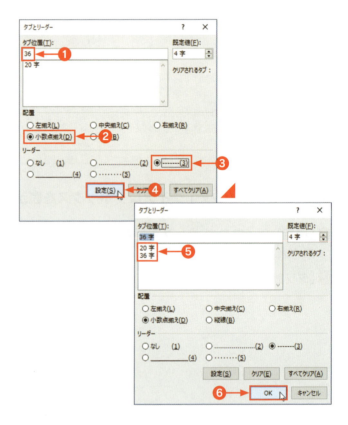

5 タブが挿入されます。

❶ ルーラーに中央揃えと小数点揃えのタブマーカーが挿入される
❷ 最初のタブの後ろの文字が中央揃えになる
❸ 2つ目のタブにリーダーが表示され、後ろの数値の桁を揃えて表示される

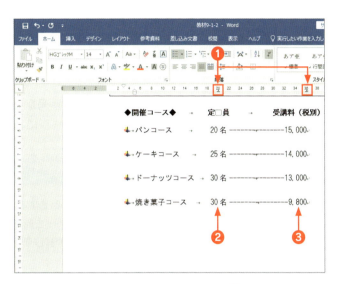

完成例ファイル 教材9-1-2（完成）

知っておくと便利！
▶ 複数のタブの変更と削除

[タブとリーダー] ダイアログボックスを使用すると、複数のタブの管理ができます。タブの内容を変更するには、[タブ位置] ボックス内からタブの位置を選択して [配置] ボックスや [リーダー] ボックスで選択し直します。その後 [設定] ボタンをクリックします。タブを削除するには、[タブ位置] ボックスで削除したいタブを選択して、[クリア] ボタンをクリックします。
また、選択した段落のすべてのタブを削除するには、[すべてクリア] ボタンをクリックします。
なお、[タブとリーダー] ダイアログボックスは、ルーラーのタブマーカーをダブルクリックしても表示することができます。

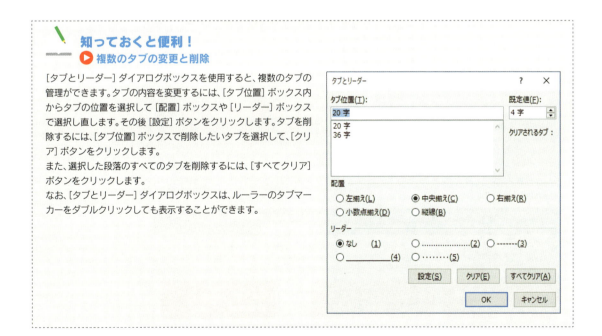

Chapter9 文書のレイアウト機能

9-2 ヘッダー・フッターを作成する

学習時間の目安 15 min

学習日・理解度チェック
月　日　□
月　日　□
月　日　□

Wordでは、文書の上下の余白に、日付、ページ番号などを追加することができます。文書の上余白をヘッダー、下余白をフッターといい、全ページにまとめて追加できます。

ここでの学習内容

ヘッダーとフッターは自分で一から作成することもできますが、Wordに組み込まれているものを利用すると、デザイン性のあるヘッダーやフッターを簡単に作成することができます。ここでは、組み込みのヘッダー・フッターを利用する方法を学習します。

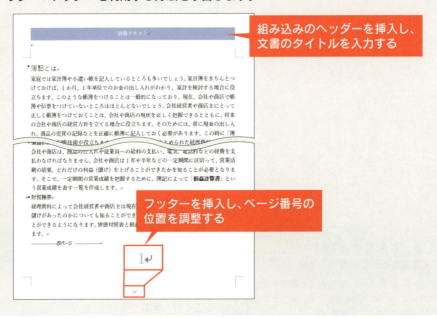

組み込みのヘッダーを挿入し、文書のタイトルを入力する

フッターを挿入し、ページ番号の位置を調整する

ここがポイント！
[ヘッダー/フッターツール] の [デザイン] タブ

ヘッダーやフッターを挿入すると、自動的に [ヘッダー/フッターツール] の [デザイン] タブが表示され、ヘッダーやフッターを編集するときに利用します。

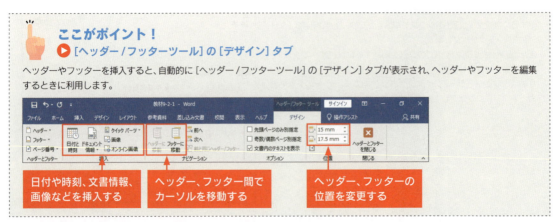

日付や時刻、文書情報、画像などを挿入する

ヘッダー、フッター間でカーソルを移動する

ヘッダー、フッターの位置を変更する

ヘッダーの挿入

組み込みのヘッダーは、[挿入] タブの [ヘッダーとフッター] グループの [ヘッダー] ボタンをクリックして [組み込み] の一覧から選択します。文書のタイトルや日付、ページ番号などがレイアウトされたヘッダーが表示されるので、必要に応じて編集します。

やってみよう —ヘッダーを挿入して、編集する

教材ファイル　教材9-2-1

教材ファイル「教材9-2-1.docx」を開き、「縞模様」ヘッダーを挿入して文書のタイトルを入力しましょう。

1 組み込みのヘッダーの一覧から選択します。

❶ [挿入] タブをクリックする
❷ [ヘッダーとフッター] グループの [ヘッダー] ボタンをクリックする
❸ [組み込み] の一覧をスクロールして [縞模様] をクリックする

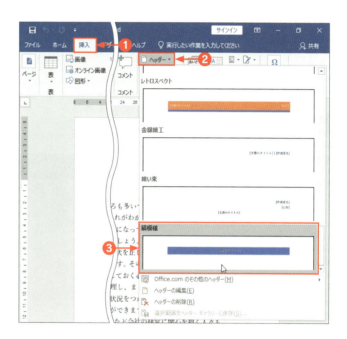

2 組み込みのヘッダーが表示されます。

❶ 組み込みのヘッダーが表示される
❷ 本文領域は色が薄くなり、編集できなくなる

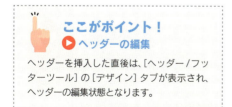

ここがポイント！
▶ ヘッダーの編集

ヘッダーを挿入した直後は、[ヘッダー/フッターツール] の [デザイン] タブが表示され、ヘッダーの編集状態となります。

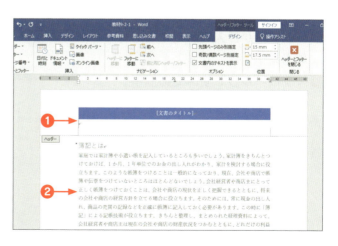

Chapter9　文書のレイアウト機能　173

3 ヘッダーを編集します。

❶ [文書のタイトル] の箇所をクリックする
❷ [タイトル] 枠が選択されるので、「研修テキスト」と入力する

> **知っておくと便利！**
> ▶ 文書のタイトル
>
> ヘッダーの [タイトル] 枠に入力した文字列は、文書プロパティのタイトルとして登録されます。文書プロパティは、[ファイル] タブをクリックして表示される [情報] 画面の右側の領域で確認できます。あらかじめプロパティのタイトルや作成者に入力してある場合は、その情報がヘッダーの枠内に表示されます。

4 ヘッダーの編集を終了します。

❶ [ヘッダー/フッターツール] の [デザイン] タブが表示されているので、[閉じる] グループの [ヘッダーとフッターを閉じる] ボタンをクリックする

> **Word2013の場合**
> ❶の [デザイン] タブが表示されていない場合は、[ヘッダー/フッターツール] の [デザイン] タブをクリックします。

> **知っておくと便利！**
> ▶ ヘッダーを閉じる
>
> 本文領域をダブルクリックしてもヘッダーを閉じることができます。

5 ヘッダーを確認します。

❶ ヘッダーが挿入されたことを確認する
❷ スクロールしてすべてのページのヘッダーを確認する

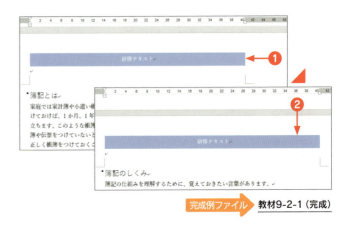

> **ここがポイント！**
> ▶ ヘッダーの削除
>
> [挿入] タブの [ヘッダーとフッター] グループの [ヘッダー] ボタンの一覧の [ヘッダーの削除] をクリックするとヘッダーが削除されます。

完成例ファイル 教材9-2-1（完成）

知っておくと便利！
▶ ヘッダーに直接入力する

組み込みのヘッダーを利用せずに直接入力する場合は、[ヘッダー] ボタンの一覧の[ヘッダーの編集] をクリックします。ヘッダー領域にカーソルが表示されるので、文字列を入力します。

ヘッダーの文字列は通常の文字列と同様に [ホーム] タブのボタンなどを使用して文字書式や段落書式を設定できます。

ステップアップ！
▶ 奇数ページと偶数ページで異なるヘッダーやフッターを指定する

[ヘッダー/フッターツール] の [デザイン] タブの [オプション] グループの [奇数/偶数ページ別指定] チェックボックスをオンにすると、奇数ページと偶数ページで異なる2種類のヘッダーを使用することができます。ヘッダー領域に [奇数ページのヘッダー] と [偶数ページのヘッダー] と表示されるので、領域内をクリックして、[デザイン] タブの [ヘッダーとフッター] グループの[ヘッダー]ボタンから別のヘッダーを挿入します。フッターの場合も同様に設定できます。

なお、組み込みのヘッダーで (奇数ページ) や (偶数ページ) と表示があるものは、書籍の奇数ページ、偶数ページのレイアウトで作成されているという意味で、どちらのページにも挿入可能です。

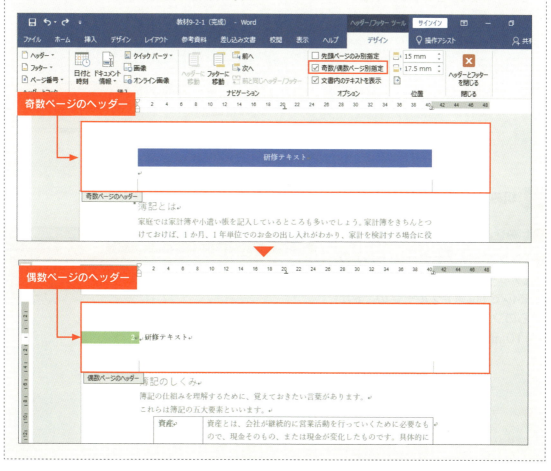

フッターの挿入

組み込みのフッターには、ヘッダーとイメージやデザインを合わせた種類も用意されていて、セットで利用すると統一感を出すことができます。

やってみよう — フッターを挿入して、編集する

教材ファイル 教材9-2-2

教材ファイル「教材9-2-2.docx」を開き、組み込みの「縞模様」フッターを挿入し、下からのフッターの位置を「10mm」に変更しましょう。

1 組み込みのヘッダーの一覧から選択します。

❶ [挿入] タブをクリックする
❷ [ヘッダーとフッター] グループの [フッター] ボタンをクリックする
❸ [組み込み] の一覧をスクロールして [縞模様] をクリックする

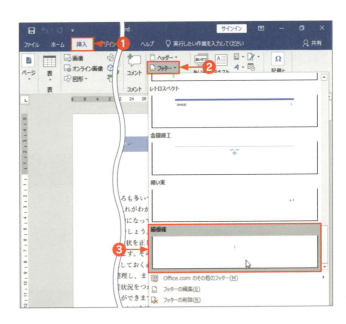

2 組み込みのヘッダーが表示されます。

❶ 組み込みのフッターが表示される
❷ [ヘッダー / フッターツール] の [デザイン] タブが表示されているので [位置] グループの [下からのフッターの位置] ボックスを「10mm」にする

> **Word2013の場合**
> ❷の [デザイン] タブが表示されていない場合は、[ヘッダー / フッターツール] の [デザイン] タブをクリックします。

3 フッターの位置が変更されます。

❶ フッターが下端から10mmの位置に下がる
❷ ［ヘッダー/フッターツール］の［デザイン］タブの［閉じる］グループの［ヘッダーとフッターを閉じる］ボタンをクリックする

4 文書にフッターが挿入されたことを確認します。

❶ フッターが挿入されたことを確認する
❷ スクロールしてすべてのページのフッターを確認する

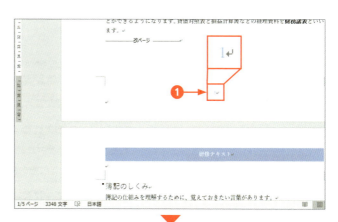

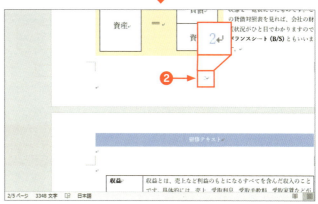

ここがポイント！
▶ フッターの削除

［挿入］タブの［ヘッダーとフッター］グループの［フッター］ボタンの一覧の［フッターの削除］をクリックするとフッターが削除されます。

完成例ファイル 教材9-2-2（完成）

9-3 ページ番号を設定する

学習時間の目安 15 min

複数ページの文書では、ページ番号を印刷するのが一般的です。ページ番号を先頭ページに入れないようにしたり、開始番号を指定したりすることができます。

ここでの学習内容

Wordでは、さまざまな種類のページ番号が用意されています。ここでは、組み込みのページ番号を挿入し、先頭ページにはページ番号が印刷されないように設定する方法を学習します。

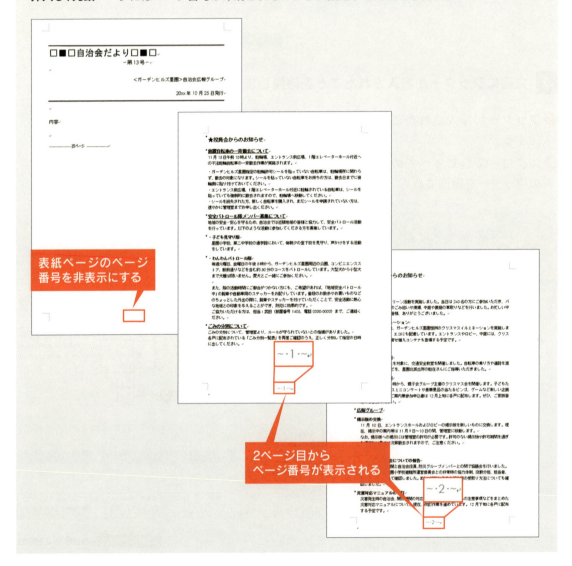

表紙ページのページ番号を非表示にする

2ページ目からページ番号が表示される

ページ番号の挿入

ページ番号はヘッダーまたはフッター領域に挿入します。組み込みのページ番号を利用する場合は、[挿入] タブの [ヘッダーとフッター] グループの [ページ番号] ボタンをクリックして、一覧から選択します。ページ番号を挿入後に、必要に応じてページ番号の書式などを設定します。

やってみよう——ページ番号を挿入する

教材ファイル　教材9-3-1

教材ファイル「教材9-3-1.docx」を開き、ページの下部に「チルダ」のページ番号を挿入しましょう。

1　組み込みの一覧からページ番号を選択します。

❶ [挿入] タブをクリックする
❷ [ヘッダーとフッター] グループの [ページ番号] ボタンをクリックする
❸ [ページの下部] をポイントし、一覧から [チルダ] をクリックする

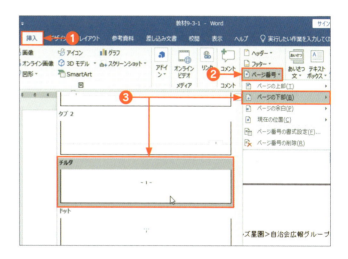

2　ページ番号が挿入されます。

❶ ページ番号が挿入される
❷ [ヘッダー / フッターツール] の [デザイン] タブの [閉じる] グループの [ヘッダーとフッターを閉じる] ボタンをクリックする

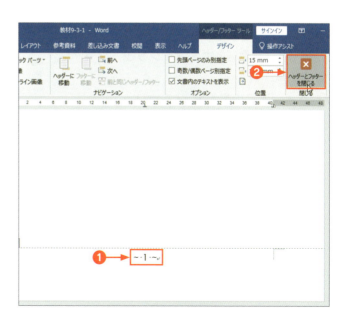

3 複数ページを表示してページ番号を確認します。

❶ [表示] タブをクリックする
❷ [ズーム] グループの [複数ページ] ボタンをクリックする
❸ 各ページにページ番号が挿入されていることを確認する

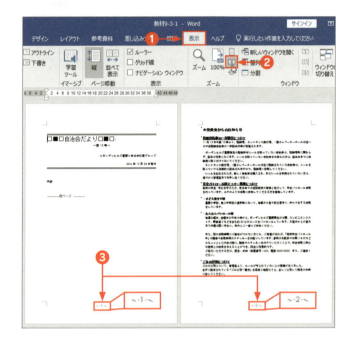

やってみよう ─ 表紙の次ページが1ページになるように設定する

文書のページ番号を「0」から始めて、表紙の次のページが「1」から開始されるようにページ番号の書式を変更しましょう。

1 [ページ番号の書式] ダイアログボックスを表示します。

❶ [挿入] タブをクリックする
❷ [ヘッダーとフッター] グループの [ページ番号] ボタンをクリックする
❸ [ページ番号の書式設定] をクリックする

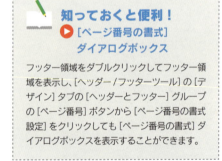

知っておくと便利！
▶ [ページ番号の書式] ダイアログボックス

フッター領域をダブルクリックしてフッター領域を表示し、[ヘッダー/フッターツール] の [デザイン] タブの [ヘッダーとフッター] グループの [ページ番号] ボタンから [ページ番号の書式設定] をクリックしても [ページ番号の書式] ダイアログボックスを表示することができます。

2 ページの開始番号を「0」に設定します。

❶ [ページ番号の書式] ダイアログボックスが表示される
❷ [開始番号] をクリックする
❸ ▼をクリックし、[0] を指定する
❹ [OK] ボタンをクリックする

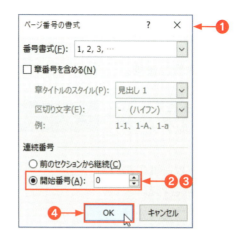

ここがポイント！
▶ 開始するページ番号の指定

通常ページ番号は1から設定されますが、[ページ番号の書式] ダイアログボックスを使用して [開始番号] ボックスで開始するページ番号を指定できます。また、[番号書式] ボックスでページ番号の書式を変更することができます。

3 ページ番号を確認します。

❶ 1ページ目のページ番号が「0」になったことを確認する
❷ 2ページ目のページ番号が「1」になったことを確認する

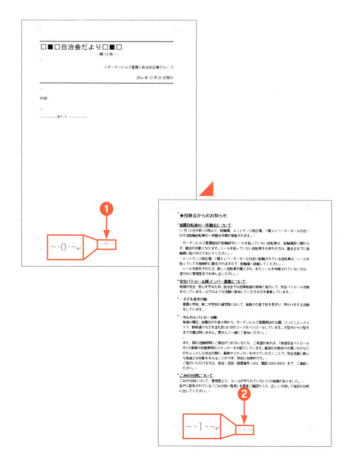

やってみよう ― 表紙ページのページ番号を非表示にする

表紙ページに「0」と表示されているため、表紙ページのページ番号を非表示にしましょう。[ヘッダー/フッターツール]の[デザイン]タブから設定できます。

1 フッター領域を表示します。

❶ ページ番号が表示されているフッター領域をダブルクリックする
❷ [ヘッダー/フッターツール]の[デザイン]タブが表示される
❸ [オプション]グループの[先頭ページのみ別指定]チェックボックスをオンにする

2 表紙ページのページ番号が非表示になります。

❶ 1ページ目のページ番号が非表示になる
❷ 2ページ目は「1」のままであることを確認する

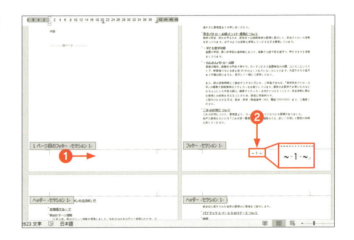

3 フッターの編集を終了します。

❶ [閉じる]グループの[ヘッダーとフッターを閉じる]ボタンをクリックする

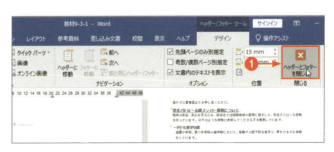

完成例ファイル　教材9-3-1（完成）

9-4 段組みを設定する

学習時間の目安 15 min

学習日・理解度チェック
月　日　☐
月　日　☐
月　日　☐

通常、文章は1段で表示されますが、長い文章の場合には複数の段に分けて読みやすくすることができます。これを段組みといいます。段数や、段の区切りの位置などは自由に変更することができます。

ここでの学習内容

段組みを設定するには、[段組み] ボタンの一覧から選択する方法と [段組み] ダイアログボックスを使用する方法があります。ここでは、段組みの設定と、段の先頭に表示される文字を変更する「段区切り」の機能を学習します。

- 2段組みを設定する
- 段の位置を調整するために段区切りを挿入する

段組みの設定

段組みは、[レイアウト] タブの [ページ設定] グループの [段組み] ボタンから設定します。3段までは表示される一覧から選択ができます。4段以上や詳細設定をする場合は [段組み] ダイアログボックスを使用します。

やってみよう ─ 2段組みを設定する

教材ファイル 教材9-4-1

教材ファイル「教材9-4-1.docx」を開き、4行目「Pasta」から24行目「…焼き上げています。」(「ピザ窯」の前の行まで) を2段組みにしましょう。

1 段組みにする範囲を選択します。

❶ 段組みを設定する範囲を選択する

> **ここがポイント！**
> ▶ 広範囲の選択
>
> ドラッグしきれない広範囲の選択は、範囲の先頭をクリックし、範囲の末尾を [Shift] キーを押しながらクリックすると、連続する範囲を選択できます。

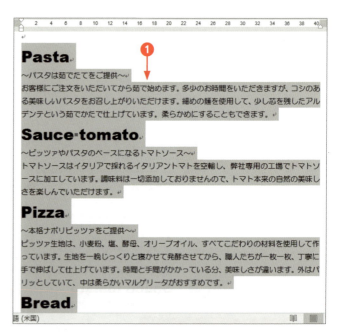

2 段組みを選択します。

❶ [レイアウト] タブをクリックする
❷ [ページ設定] グループの [段組み] ボタンをクリックする
❸ 一覧の [2段] をクリックする

> **Word2013の場合**
> ❶は [ページレイアウト] タブから操作します。

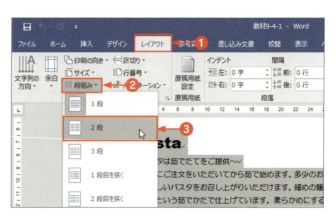

3 選択した範囲が2段組みに設定されます。

① 2段組みが設定される
② 段組みの前後に[セクション区切り]の編集記号が表示される

> **ここがポイント！**
> ▶ 編集記号が表示されていない場合
>
> [セクション区切り]の編集記号が表示されていない場合は[ホーム]タブの[段落]グループの[編集記号の表示/非表示]ボタンをクリックして、編集記号を表示します。

 教材9-4-1（完成）

> **ここがポイント！**
> ▶ セクション区切りの挿入
>
> 段組みを設定した範囲の前後には「セクション区切り」という編集記号が挿入されます。セクションとは文章の単位で、通常は文書全体が1セクションになっていますが、段組みを設定すると自動的にセクションが分かれます。「セクション区切り」を削除すると前後のセクションも2段組みになってしまうため、「セクション区切り」は削除しないようにします。

> **ここがポイント！**
> ▶ 段組みの解除
>
> 段組みを解除するには、解除したい範囲内にカーソルを移動し、同じ[段組み]ボタンをクリックして[1段]を選択します。通常の1段組の文章に戻りますが、セクション区切りは残るため、[セクション区切り]の編集記号を選択してDeleteキーを押します。

段区切りの挿入

段組みは選択範囲を自動的に段に分けるため、段の区切り位置がよくない場合があります。そのようなときは、段区切りを挿入して段の始まり位置を変更することができます。

やってみよう―段区切りを挿入する

教材ファイル 教材9-4-2

教材ファイル「教材9-4-2.docx」を開き、「Pizza」が2段目の先頭になるように段の区切り位置を変更しましょう。

1 段区切りを挿入する位置にカーソルを移動します。

❶ 段の先頭にしたい位置にカーソルを移動する

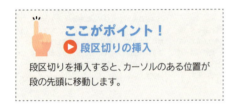

ここがポイント！
▶ 段区切りの挿入

段区切りを挿入すると、カーソルのある位置が段の先頭に移動します。

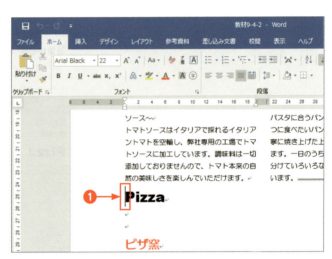

2 段区切りを挿入します。

❶ [レイアウト] タブの [ページ設定] グループの [区切り] ボタンをクリックする

❷ [ページ区切り] の [段区切り] をクリックする

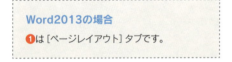

Word2013の場合
❶ は [ページレイアウト] タブです。

3 段の区切り位置が変更されます。

① カーソルの位置の文字が2段目の先頭に移動する

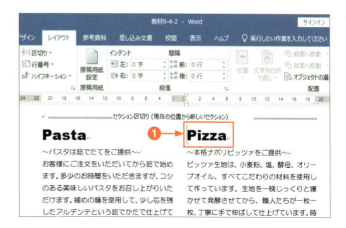

4 前の段の最後に段区切りが挿入されたことを確認します。

① 1段目の下には段区切りの編集記号が表示されている

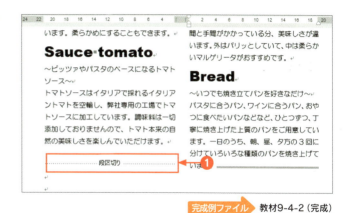

完成例ファイル　教材9-4-2（完成）

知っておくと便利！
段組みの詳細設定

［段組み］ボタンの［段組みの詳細設定］をクリックして［段組み］ダイアログボックスを使用すると、段数を指定したり、段の文字数や段と段の間隔を指定したり、境界線を引くなどの詳細設定をした段組みを挿入できます。

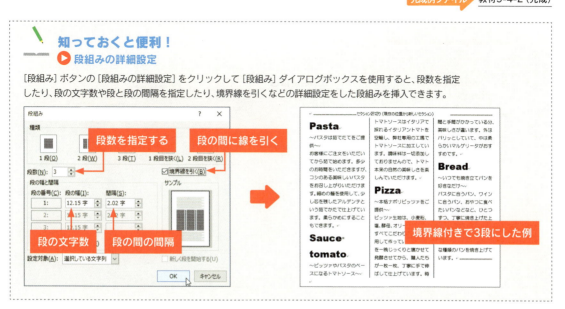

Chapter9　文書のレイアウト機能　187

9-5 ページの背景を設定する

学習時間の目安 20 min

文書の背景に色を付けたり、ページを囲む罫線を付けたりすると文書のイメージを変えることができます。また、透かし文字を使用すると、社外秘やコピー厳禁などの文書に関する注意を表示することができます。

ここでの学習内容

ページの背景を設定する透かし、ページの色、ページ罫線の3つの機能を学習します。これらの機能は［デザイン］タブの［ページの背景］グループのボタンから設定します。

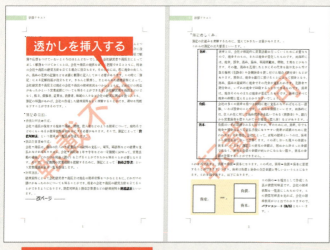
透かしを挿入する

ページの色を設定する

ページ罫線を設定する

透かしの設定

透かしとは、文書の背景に淡色の文字や図を挿入する機能です。[デザイン] タブの[ページの背景] グループの [透かし] ボタンから設定します。組み込みの透かしから選択したり、透かしの文字を入力して作成ができます。フォントやフォントの色などを自由に設定できます。

やってみよう―透かしを挿入する

教材ファイル 教材9-5-1

教材ファイル「教材9-5-1.docx」を開き「転載不可」という透かしを挿入します。フォントを「MSゴシック」、色を [赤]、その他は既定の設定にしましょう。

1 [透かし] ダイアログボックスを表示します。

❶ [デザイン] タブをクリックする
❷ [ページの背景] グループの [透かし] ボタンをクリックする
❸ [ユーザー設定の透かし] をクリックする

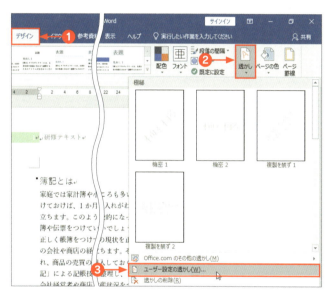

ここがポイント！
▶ 透かしの一覧

[透かし] ボタンをクリックして表示される組み込みの透かしに目的の文字があれば選択できます。

2 透かしの内容を設定します。

❶ [透かし] ダイアログボックスが表示される
❷ [テキスト] をクリックする
❸ [テキスト] ボックスの▼をクリックし、[転載不可] を選択する
❹ [フォント] ボックスの▼をクリックし、[MSゴシック] を選択する
❺ [色] ボックスの▼をクリックし、[標準の色] の [赤] を選択する
❻ [OK] ボタンをクリックする

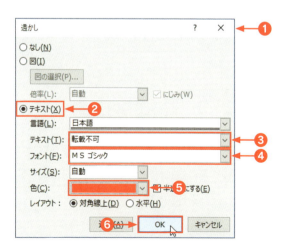

3 透かしが挿入されたことを確認します。

❶ すべてのページに透かしが挿入される

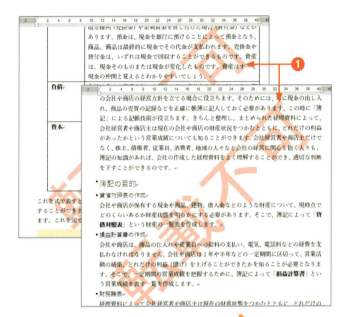

ここがポイント！
▶ 透かしの削除

透かしを削除するには、同じ [透かし] ボタンをクリックして、[透かしの削除] をクリックします。

ここがポイント！
▶ 透かしの直接入力

[テキスト] ボックスの▼の一覧に目的の単語がない場合には、[テキスト] ボックス内をクリックして透かしの文字を直接入力することができます。

完成例ファイル　教材9-5-1（完成）

知っておくと便利！
▶ [適用] ボタンと [OK] ボタンの違い

[OK] ボタンをクリックすると [透かし] ダイアログボックスは閉じますが、[適用] ボタンは透かしを反映後もダイアログボックスは表示されているため、何度でも設定をやり直しできます。

知っておくと便利！
▶ 図の挿入

透かしに図を選択すると、文書の背景に画像やイラストなどの図を表示できます。[透かし] ダイアログボックスの [図] をクリックし、[図の選択] ボタンから表示される [画像の挿入] ウィンドウで挿入したいファイルを選択します。
なお、[にじみ] チェックボックスがオンの場合、図の色が薄くなるので、必要に応じてオフにします。

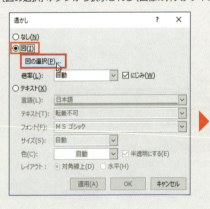 

ページの色の設定

ページの色を設定すると、文書全体の背景に色を付けて表示することができます。単色だけでなくグラデーションなどの塗りつぶし効果を設定することもできます。ページの色は、画面表示のみで印刷時には色は付きません。

やってみよう──ページの色を設定する

教材ファイル ▶ 教材9-5-2

教材ファイル「教材9-5-2.docx」を開き、文書の背景に [テーマの色] の [ゴールド、アクセント4、白 + 基本色60%] の色を設定しましょう。

1 ページの色を選択します。

❶ [デザイン] タブをクリックする
❷ [ページの背景] グループの [ページの色] ボタンをクリックする
❸ [テーマの色] の一覧の [ゴールド、アクセント4、白 + 基本色60%] をクリックする

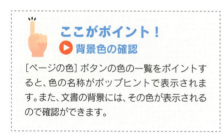

ここがポイント！
▶ 背景色の確認

[ページの色] ボタンの色の一覧をポイントすると、色の名称がポップヒントで表示されます。また、文書の背景には、その色が表示されるので確認ができます。

2 文書に背景色が設定されます。

❶ 背景の色が設定される

ここがポイント！
▶ ページの色の解除

ページの色を解除して初期値に戻すには、同じ [ページの色] ボタンをクリックして、[色なし] をクリックします。

完成例ファイル ▶ 教材9-5-2（完成）

ステップアップ！
▶ 塗りつぶし効果

色の組み合わせで濃淡を表すグラデーションや木目や大理石などの素材の色を表示するテクスチャを背景色に設定するには、[ページの色] ボタンの一覧から [塗りつぶし効果] をクリックします。[塗りつぶし効果] ダイアログボックスが表示されるので、[グラデーション] タブや [テクスチャ] タブで設定します。

知っておくと便利！
▶ ページの色を印刷する

初期設定では、印刷時にはページの色は付かない設定になっていますが、次のように設定を変更すれば印刷することもできます。[ファイル] タブをクリックして [オプション] をクリックします。下図の [Wordのオプション] ダイアログボックスが表示されるので左側の [表示] をクリックします。[印刷オプション] の [背景の色とイメージを印刷する] チェックボックスをオンして、[OK] ボタンをクリックすると、設定が変更されてページの色が印刷されます。

ページ罫線の設定

ページ罫線とは、ページを囲むように罫線で縁取りする機能です。線の種類や色、太さを指定して、文書を飾ることができます。また、ページ罫線の種類として、さまざまな絵柄も用意されています。

やってみよう —ページ罫線を設定する

教材ファイル 教材9-5-3

教材ファイル「教材9-5-3.docx」を開き、文書に［テーマの色］の［オレンジ、アクセント2］の色の三重線を設定しましょう。

1 ページ罫線を設定するダイアログボックスを表示します。

❶［デザイン］タブをクリックする
❷［ページの背景］グループの［ページ罫線］ボタンをクリックする

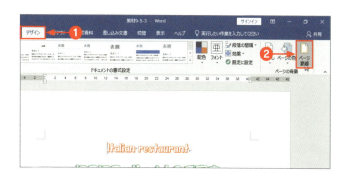

2 ページ罫線の種類、色、太さなどを指定します。

❶［線種とページ罫線と網かけの設定］ダイアログボックスの［ページ罫線］タブが表示される
❷［囲む］をクリックする
❸［種類］ボックスで三重線をクリックする
❹［色］ボックスの▼をクリックして［テーマの色］の［オレンジ、アクセント2］をクリックする
❺［OK］ボタンをクリックする

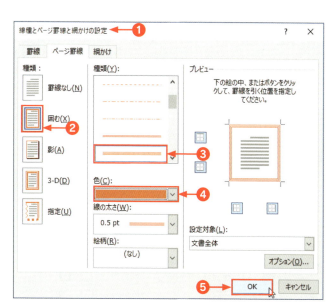

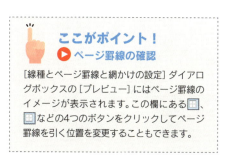

ここがポイント！
▶ ページ罫線の確認

［線種とページ罫線と網かけの設定］ダイアログボックスの［プレビュー］にはページ罫線のイメージが表示されます。この欄にある🔲、🔲などの4つのボタンをクリックしてページ罫線を引く位置を変更することもできます。

3 ページ罫線が挿入されたことを確認します。

❶すべてのページにページ罫線が挿入される

ここがポイント！
▶ ページ罫線の削除

ページ罫線を削除するには、同じ操作で［線種とページ罫線と網かけの設定］ダイアログボックスを表示して［種類］ボックスで［罫線なし］をクリックします。

知っておくと便利！
▶ ページ罫線の位置を変更する

ページ罫線の位置は、ページの上下左右の端から24ptの位置に挿入されます。この位置を調整したい場合は、［線種とページ罫線と網かけの設定］ダイアログボックスの［オプション］ボタンをクリックします。［線種とページ罫線のオプション］ダイアログボックスが表示されるので、［余白］の［上］［下］［左］［右］の各ボックスに端から幅を入力します。また、［基準］ボックスの［本文］を選択すると、ページ罫線が本文のすぐ脇を囲むように挿入されます。

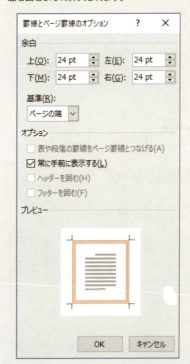

完成例ファイル　教材9-5-3（完成）

知っておくと便利！
▶ 絵柄のページ罫線

ページ罫線にイラストのような絵柄を指定することができます。［線種とページ罫線と網かけの設定］ダイアログボックスの［絵柄］ボックスをクリックして一覧から選択します。［プレビュー］で確認して絵柄が大き過ぎる場合は、［線の太さ］ボックスで調整します。

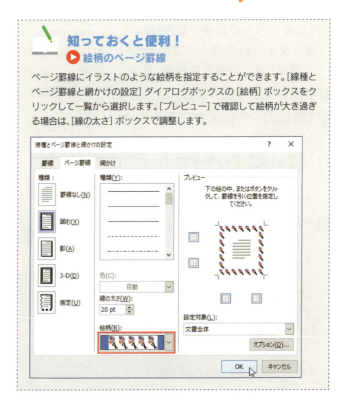

9-6 ページのレイアウトを変更する

学習時間の目安 min　学習日・理解度チェック

月　日　□
月　日　□
月　日　□

Wordでは、1ページに収まる行数を超えて文章を入力すると自動的に新しいページに続きが入力されます。しかし、文書の内容的な区切りでページを強制的に改めたいときには、そこで改ページすることができます。また、文書の途中でページのレイアウトを変更したりすることもできます。

ここでの学習内容

ページの途中で強制的にページを変えて続きを入力するには、ページ区切りを挿入します。また、同じ文書内で途中から別のページ設定にしたい場合は、セクション区切りを挿入します。これらのページのレイアウトを変更する機能を学習します。

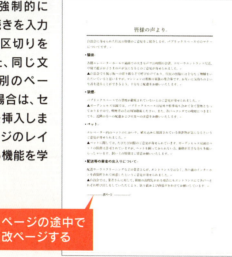

ページの途中で改ページする

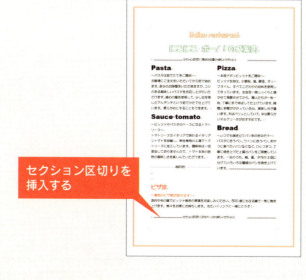

セクション区切りを挿入する

このセクションだけ用紙サイズを変更する

Chapter9　文書のレイアウト機能　195

ページ区切りの挿入

ページの途中で強制的にページを変えて続きを入力するには、ページ区切りを挿入します。ページ区切りは、[挿入] タブの [ページ] グループの [ページ区切り] ボタンをクリックします。[改ページ] という編集記号が挿入され、カーソルが次ページに移動します。

やってみよう—改ページを挿入する

教材ファイル ▶ 教材9-6-1

教材ファイル「教材9-6-1.docx」を開き、2ページ目の「行事予定」の見出しの前に改ページを挿入しましょう。

1 カーソルを移動してページ区切りを挿入します。

❶ 改ページしたい位置にカーソルを移動する
❷ [挿入] タブをクリックする
❸ [ページ] グループの [ページ区切り] ボタンをクリックする

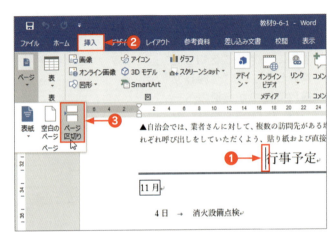

> **知っておくと便利！**
> ▶ ページ区切りの挿入
>
> [Ctrl] キーを押しながら [Enter] キーを押してもページ区切りを挿入できます。

2 ページ区切りが挿入され、改ページされたことを確認します。

❶ 前のページには改ページの編集記号が挿入される
❷ カーソルの行以降が次のページに送られている

> **ここがポイント！**
> ▶ ページ区切りの削除
>
> 改ページした状態を解除するには、[改ページ] の編集記号の先頭にカーソルを移動して、[Delete] キーを押します。

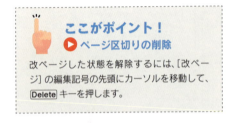

完成例ファイル ▶ 教材9-6-1（完成）

セクション区切りの挿入

同じ文書内で1ページの行数や1行の文字数、文字列の方向、用紙サイズといったページのレイアウトを変更したい場合は、セクション区切りを挿入します。通常、文書は1セクションで構成されていますが、セクションを区切ることで文書の途中でもページのレイアウトを変更できるようになります。

やってみよう — セクション区切りを挿入し、用紙サイズを変更する

教材ファイル：教材9-6-2

教材ファイル「教材9-6-2.docx」を開き、「MENU」の段落の先頭から新しいセクションを開始し、新しいセクションの用紙サイズをB5に変更しましょう。

1 カーソルを移動してセクション区切りを挿入します。

❶ セクション区切りを挿入したい位置にカーソルを移動する
❷ [レイアウト] タブをクリックする
❸ [ページ設定] グループの [区切り] ボタンをクリックする
❹ [セクション区切り] の [次のページから開始] をクリックする

Word2013の場合
❶は [ページレイアウト] タブです。

ここがポイント！
▶ セクション区切りの種類
セクション区切りには4種類あります。新しいセクションの挿入位置を考えて選択します。

2 セクション区切りが挿入されます。

❶ 1ページ目にはセクション区切りの編集記号が挿入される

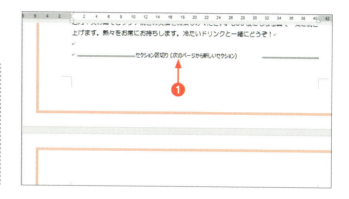

ここがポイント！
▶ セクション区切りの解除
セクション区切りを解除するには、[セクション区切り] の編集記号の先頭にカーソルを移動して、Delete キーを押します。セクション区切りがなくなり、元のセクションの続きになります。

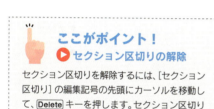

3 新しいセクションの用紙サイズを変更します。

❶ 新しいセクション内にカーソルがあることを確認して、[レイアウト] タブの [ページ設定] グループの [サイズ] ボタンをクリックする
❷ [B5] をクリックする

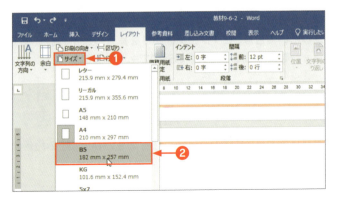

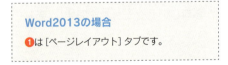

Word2013の場合
❶ は [ページレイアウト] タブです。

4 セクションのページ設定が変更されます。

❶ 前のセクションは元の用紙サイズのままになっている
❷ 新しいセクションのみB5サイズに変更される

完成例ファイル 教材9-6-2（完成）

知っておくと便利！
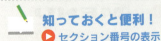
セクション番号の表示

セクションの番号を確認したい場合は、ステータスバーに表示することができます。画面下のステータスバーを右クリックして [セクション] をクリックします。ステータスバーの左端に「セクション：4」のようにセクションの番号が表示されます。
なお、この文書の1ページ目の段組みの箇所が別のセクションになるため、全部で4つのセクションから構成されています。

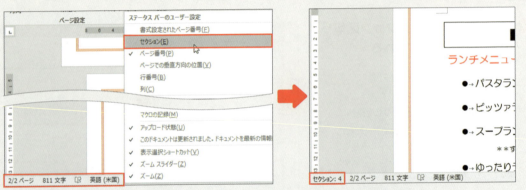

9-7 テーマを適用する

学習時間の目安 15 min

テーマとは、文書全体の配色、フォントの種類、SmartArtの効果がセットになって文書に適用する機能です。テーマを切り替えると、文書全体をすばやく違うイメージに変更することができきます。

ここでの学習内容

テーマには、そのイメージを表す名前が付いていて、標準の文書は「Office」というテーマが設定されています。ここでは、テーマを切り替えて、フォントや効果などを個別に設定する方法を学習します。

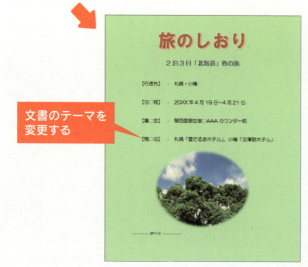

文書のテーマを変更する

テーマのフォントを変更する

テーマの効果を変更する

テーマの設定

テーマを変更するには、[デザイン]タブの[ドキュメントの書式設定]グループの[テーマ]ボタンをクリックして表示される一覧から文書のイメージを確認しながら、選択できます。

やってみよう ― テーマを変更する

教材ファイル ▶ 教材9-7-1

教材ファイル「教材9-7-1.docx」を開き、文書のテーマを「ファセット」に変更しましょう。操作する前に現在のテーマのページの色やフォント、SmartArtのスタイルを確認しておきます。

1 テーマの一覧を表示します。

❶ [デザイン] タブをクリックする
❷ [ドキュメントの書式設定] グループの [テーマ] ボタンをクリックする
❸ テーマの一覧の [ファセット] をクリックする

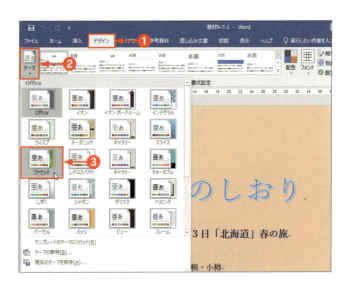

2 テーマが変更されたことを確認します。

❶ 文書のページの色とフォントが変更されたことを確認する
❷ 2ページ目は表やSmartArtの色が変更されたことを確認する

完成例ファイル ▶ 教材9-7-1（完成）

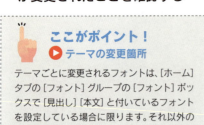

ここがポイント！ ▶ テーマの変更箇所

テーマごとに変更されるフォントは、[ホーム]タブの[フォント]グループの[フォント]ボックスで[見出し][本文]と付いているフォントを設定している場合に限ります。それ以外のフォントは、テーマが変わってもフォントは変更されません。色は、[フォントの色]ボックスで[テーマの色]を設定している場合にテーマが変わると色も変更になります。

テーマの色、フォント、効果の個別設定

テーマを設定すると、フォント、色、図形やSmartArtなどのオブジェクトの視覚効果がまとめて変更されますが、フォントだけ、または色だけというように個別にテーマを変更することができます。[デザイン]タブの[ドキュメントの書式設定]グループのボタンをします。

やってみよう──テーマのフォントや効果を変更する

教材ファイル：教材9-7-2

教材ファイル「教材9-7-2.docx」を開き、テーマのフォントを「Franklin Gothic（HG創英角ゴシックUB）」に、テーマの効果を「光沢」に変更しましょう。

1 テーマのフォントを変更します。

❶ [デザイン] タブをクリックする
❷ [ドキュメントの書式設定] グループの [フォント] ボタンをクリックする
❸ [Franklin Gothic] をクリックする
❹ テーマのフォントが変更される

> **ここがポイント！**
> ▶ このテーマのフォント
>
> この文書のテーマ「ファセット」のフォントは、日本語用フォントは「メイリオ」が設定されています。現在のテーマ以外のフォントに変えたい場合に、テーマのフォントを変更します。

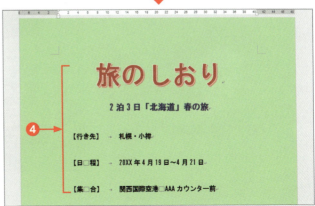

2 テーマの効果を変更します。

❶ 2ページ目のSmartArtのスタイルを確認する
❷ [デザイン] タブの [ドキュメントの書式設定] グループの [効果] ボタンをクリックする
❸ 一覧の [光沢] をクリックする

3 SmartArtの見た目が変更されます。

❶ SmartArtの効果が変更されたことを確認する

ここがポイント！
▶ テーマを戻す

テーマを初期値に戻したい場合は、テーマの一覧で [Office] を選択します。

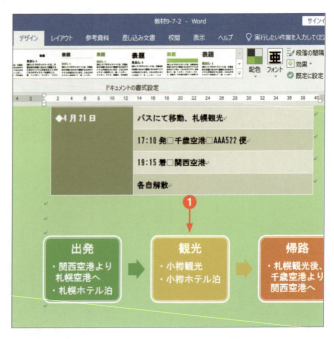

完成例ファイル　教材9-7-2（完成）

知っておくと便利！
 ### テーマのフォントや色の確認

テーマが変わるとフォントや配色の一覧も変更になります。[ホーム] タブの [フォント] グループの [フォント] ボックスの [テーマのフォント] や [フォントの色] ボックスの [テーマの色] の一覧で確認ができます。

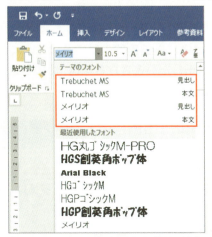
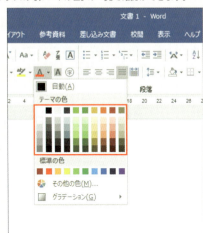

 ## ステップアップ！
テーマの保存

テーマのフォントや効果などを個別に変更した場合に、その組み合わせを別のテーマとして保存しておくことができます。[テーマ] のボタンをクリックして [現在のテーマを保存] を選択します。[現在のテーマを保存] ダイアログボックスが表示されるので、名前を付けて保存します。保存したテーマは [テーマ] ボタンの一覧の一番上に表示され、他のファイルでも利用することができます。

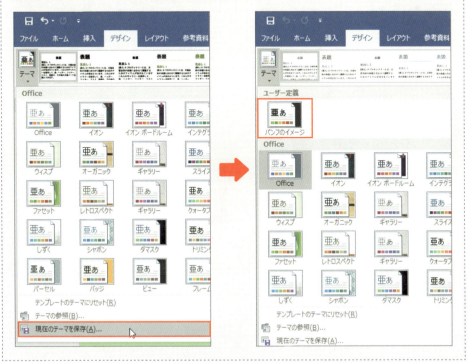

Chapter9　文書のレイアウト機能　203

9-8 検索や置換を利用する

学習時間の目安 20 min　学習日・理解度チェック

　月　日　☐
　月　日　☐
　月　日　☐

検索機能を利用すると、文書全体に目を通さなくても、文書内にある目的の語句をすばやく探し出すことができます。また、検索した語句を別の語句に訂正したいときなどには、置換の機能を利用します。

ここでの学習内容

目的の語句を検索したり、特定の語句をまとめて他の語句に置換したりする方法を学習します。検索は、ナビゲーションウィンドウ、または［検索と置換］ダイアログボックスを使用します。置換は、［検索と置換］ダイアログボックスを使用します。

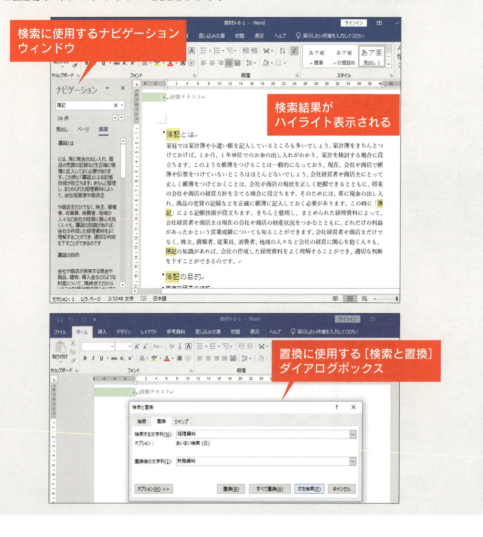

検索に使用するナビゲーションウィンドウ

検索結果がハイライト表示される

置換に使用する［検索と置換］ダイアログボックス

検索

検索に使用するナビゲーションウィンドウは画面左側に表示されるウィンドウです。[ホーム] タブの [編集] グループの [検索] ボタンから表示します。

やってみよう ─ 文字列を検索する

教材ファイル　教材9-8-1

教材ファイル「教材9-8-1.docx」を開き、「会計」という文字を検索しましょう。

1 ナビゲーションウィンドウを表示します。

❶ [ホーム] タブの [編集] グループの [検索] ボタンをクリックする

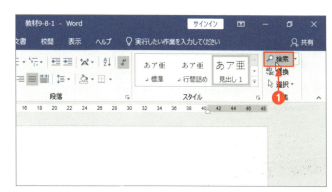

> **知っておくと便利！**
> ▶ ナビゲーションウィンドウの表示
>
> [表示] タブの [表示] グループの [ナビゲーションウィンドウ] チェックボックスをオンにしても表示されます。

2 検索する文字列を入力します。

❶ ナビゲーションウィンドウが表示される
❷ [文書の検索] ボックスに「会計」と入力する

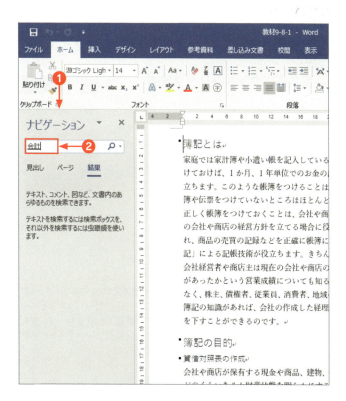

Chapter9　文書のレイアウト機能　205

3 すぐに検索が実行されます。

❶ 検索が実行され、件数が表示される
❷ 検索した単語は強調表示される

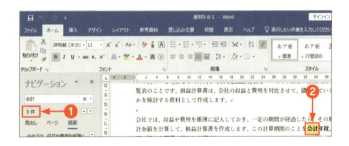

4 検索結果を順番に確認します。

❶ 検索結果の一覧を順番にクリックする
❷ その箇所が選択される

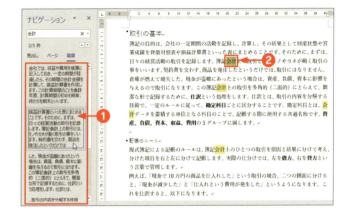

5 検索が終了したらナビゲーションウィンドウを閉じます。

❶ 閉じるボタンをクリックする

完成例ファイル　教材9-8-1（完成）

知っておくと便利！
▶ ナビゲーションウィンドウ

ナビゲーションウィンドウには検索結果の表示方法が3通りあります。通常は右端の［結果］で検索結果を確認します。［ページ］をクリックするとページの縮小版が表示され、ページ単位で確認できます。［見出し］をクリックすると、見出しの一覧のうち検索結果の語句がある見出しがハイライト表示されます。

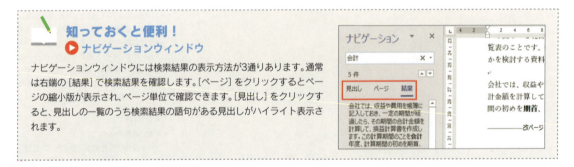

置換

置換を利用すると、文書内の語句を別の語句に置き換えることができます。1箇所ずつ確認しながら置換したり、一度にすべてをまとめて置換することもできます。

やってみよう ─ 1か所ずつ置換する

教材ファイル 教材9-8-2

教材ファイル「教材9-8-2.docx」を開き、文書内の「経理資料」を「財務資料」という語句に置換しましょう。

1 [検索と置換] ダイアログボックスを表示します。

❶ 文書の先頭にカーソルがあることを確認する
❷ [ホーム] タブの [編集] グループの [置換] ボタンをクリックする

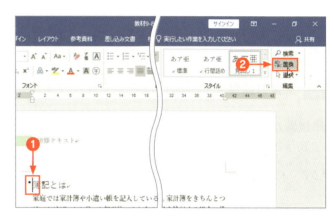

ここがポイント！
▶ 置換の範囲
現在カーソルのある位置から下方向に文書全体を検索しながら置換します。

2 検索する語句と置換する語句を入力して、検索します。

❶ [検索する文字列] ボックスに「経理資料」と入力する
❷ [置換後の文字列] ボックスに「財務資料」と入力する
❸ [次を検索] ボタンをクリックする

3 文字列が検索されるので、置換します。

❶ 1箇所目の文字列が選択される
❷ [置換] ボタンをクリックする

Chapter9　文書のレイアウト機能　207

4　1箇所ずつ確認しながら、置換します。

❶「財務資料」に置換される
❷次の検索箇所が選択される
❸[置換] ボタンをクリックする
❹同様の操作を繰り返す

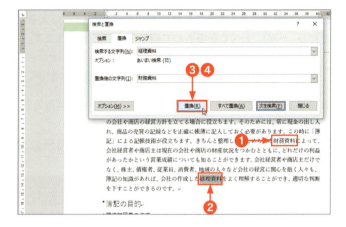

5　文書の最後まで検索したらメッセージが表示されます。

❶検索が終了するとメッセージが表示されるので [OK] ボタンをクリックする

6　[検索と置換] ダイアログボックスを閉じます。

❶[閉じる] ボタンをクリックする

完成例ファイル　教材9-8-2（完成）

知っておくと便利！
一度にすべてを置換する

1箇所ずつ確認するのではなく、文書内のすべて検索文字列をすぐにまとめて置換したい場合は [すべて置換] ボタンをクリックします。

Chapter 9

練習問題

練習9-1

「練習問題」フォルダーから「練習9-1.docx」を開き、次の操作をしましょう。操作後は、「保存用」フォルダーに同じファイル名で保存し、文書を閉じましょう。

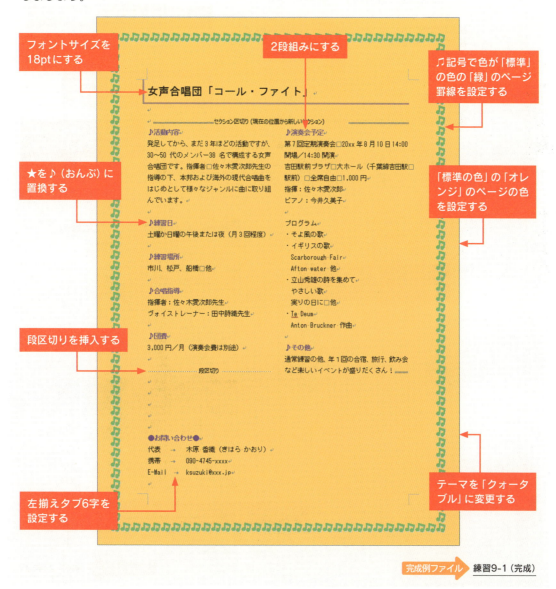

練習9-2

「練習問題」フォルダーから「練習9-2.docx」を開き、次の操作をしましょう。操作後は、「保存用」フォルダーに同じファイル名で保存し、文書を閉じましょう。

練習問題ファイル　練習9-2

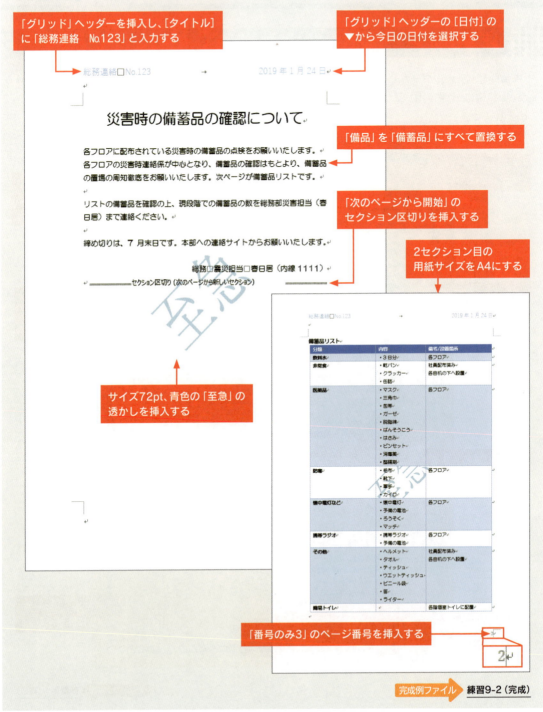

完成例ファイル　練習9-2（完成）

Chapter 10

スタイルの活用

複数の書式に名前を付けて管理するスタイルは、長文の文書には欠かせない機能のひとつです。文書内の複数箇所に同じ書式を適用したい場合や文書全体の書式を効率よく整えたい場合などに使用します。

10-1 スタイルを適用する →212ページ

10-2 スタイルを作成する →218ページ

10-3 スタイルを変更・更新する →223ページ

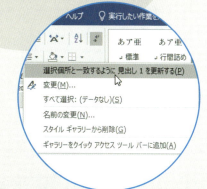

10-1

学習時間の目安 **15** min

学習日・理解度チェック

月　　日　□
月　　日　□
月　　日　□

スタイルを適用する

文字に複数の書式を設定している場合、同じ書式をまとめてを別の箇所に適用するには、書式のコピーやスタイルの機能を使うと便利です。1回だけ設定するなら書式のコピーが簡単です。何度もいろいろな箇所に書式を設定する場合はスタイルを利用するとよいでしょう。

ここでの学習内容

指定した箇所の書式をすばやく別の箇所に貼り付ける［書式のコピー/貼り付け］、あらかじめ用意されている書式の組み合わせを設定する「スタイル」、文書全体の書式や色をすばやく変更するスタイルセットを学習します。

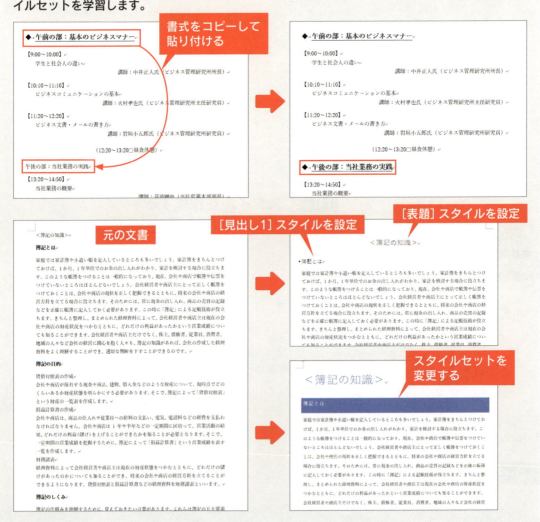

書式のコピー / 貼り付け

［ホーム］タブにある［書式のコピー / 貼り付け］ボタンを利用すると、指定した箇所の書式だけをコピーして、すばやく他の箇所に適用することができます。書式の貼り付けは連続して行うこともできます（次ページの「知っておくと便利！」参照）。

やってみよう ─ 書式をコピー / 貼り付けする

教材ファイル：教材10-1-1

教材ファイル「教材10-1-1.docx」を開き、3行目の「◆午前の部：基本のビジネスマナー」に設定されているすべての書式を14行目「午後の部：当社業務の実践」に適用しましょう。

1 書式をコピーします。

❶ 3行目の「◆午前の部：ビジネスマナー」を選択する
❷ ［ホーム］タブの［クリップボード］グループの［書式のコピー / 貼り付け］ボタンをクリックする

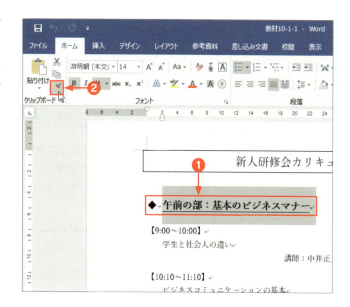

2 書式の貼り付け先を指定します。

❶ 14行目「午後の部：当社業務の実践」の行の左側をクリックする

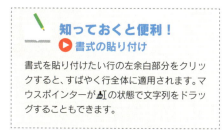

知っておくと便利！
▶ 書式の貼り付け

書式を貼り付けたい行の左余白部分をクリックすると、すばやく行全体に適用されます。マウスポインターが ⬛I の状態で文字列をドラッグすることもできます。

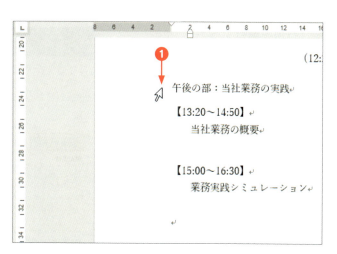

3 書式がコピーされます。

① 選択した箇所に書式がコピーされる

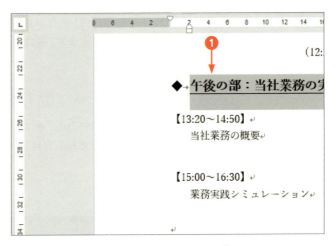

> **知っておくと便利！**
> ▶ 連続して書式を貼り付ける
>
> [書式のコピー/貼り付け]ボタンをダブルクリックすると、連続して書式を貼り付けることができます。終了するには、[書式のコピー/貼り付け]ボタンをクリックするか、[Esc]キーを押します。

完成例ファイル　教材10-1-1（完成）

組み込みスタイルの適用

Wordには、複数の書式がひとまとまりで設定された「スタイル」が組み込まれていて、スタイルギャラリーから選択することで段落や文字列単位で適用できます。組み込みのスタイルには凝ったものはありませんが、設定しておくとスタイルセット（217ページ）など応用的な使い方ができます。

やってみよう — 表題と見出しのスタイルを適用する

教材ファイル　教材10-1-2

教材ファイル「教材10-1-2.docx」を開き、1行目に組み込みスタイルの「表題」を、太字が設定されている段落に組み込みスタイル「見出し1」を適用しましょう。

1 スタイルを設定する箇所を選択し、スタイルギャラリーを表示します。

① 1行目を選択する
② [ホーム]タブの[スタイル]グループの[その他]ボタンをクリックする

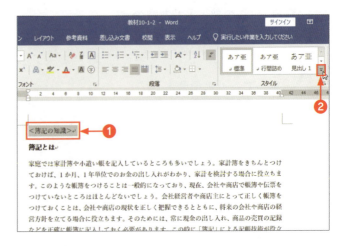

2 スタイルを選択します。

❶ スタイルギャラリーが表示される
❷ [表題] をクリックする

ここがポイント！
▶ スタイルギャラリー

スタイルギャラリーは組み込みのスタイルの一覧のことです。スタイルをポイントすると、選択箇所にそのスタイルがプレビュー表示されます。

3 選択したスタイルが適用されます。

❶「表題」スタイルが設定される

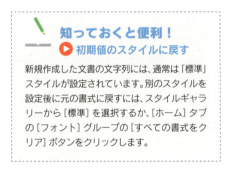

知っておくと便利！
▶ 初期値のスタイルに戻す

新規作成した文書の文字列には、通常は「標準」スタイルが設定されています。別のスタイルを設定後に元の書式に戻すには、スタイルギャラリーから[標準]を選択するか、[ホーム] タブの [フォント] グループの [すべての書式をクリア] ボタンをクリックします。

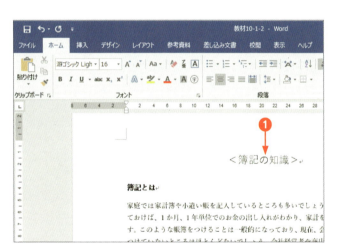

4 太字が設定されている段落に「見出し1」スタイルを適用します。

❶ 2行目の「簿記とは」を選択する
❷ Ctrl キーを押しながら15行目「簿記の目的」と30行目「簿記のしくみ」を選択する
❸ [ホーム] タブの [スタイル] グループの [その他] ボタンをクリックして、[見出し1] スタイルをクリックする

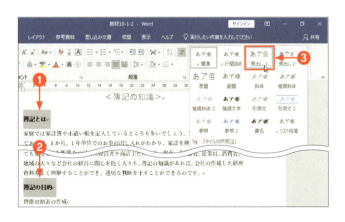

Chapter10 スタイルの活用 215

5 「見出し1」スタイルが適用されます。

❶「見出し1」スタイルが設定される

完成例ファイル　教材10-1-2（完成）

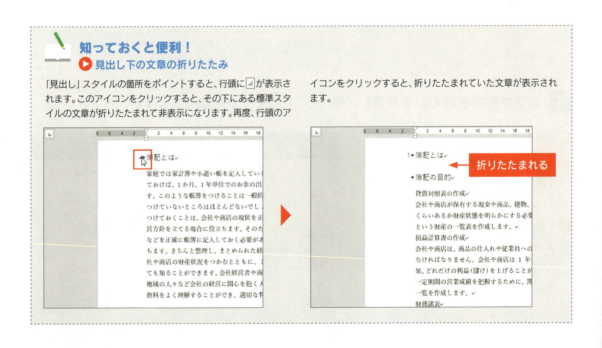

知っておくと便利！
▶ 見出し下の文章の折りたたみ

「見出し」スタイルの箇所をポイントすると、行頭に ▲ が表示されます。このアイコンをクリックすると、その下にある標準スタイルの文章が折りたたまれて非表示になります。再度、行頭のアイコンをクリックすると、折りたたまれていた文章が表示されます。

スタイルセットの利用

文書に組み込みのスタイルを設定しておくと、後からスタイルセットを変更することで、さまざまな文書の書式のバリエーションを利用することができます。スタイルセットは、[デザイン] タブの [ドキュメントの書式設定] グループから選択します。

やってみよう — スタイルセットを変更する

教材ファイル 教材10-1-3

教材ファイル「教材10-1-3.docx」を開き、文書のスタイルセットを「影付き」に変更し、表題や見出しスタイルがどのように変更されるか確認しましょう。

1　スタイルセットの一覧を表示します。

❶ [デザイン] タブをクリックする
❷ [ドキュメントの書式設定] グループの [その他] ボタンをクリックする

2　スタイルセットを選択します。

❶ [組み込み] の [影付き] をクリックする
❷ スタイルセットが変更され、文書全体の書式が変更される

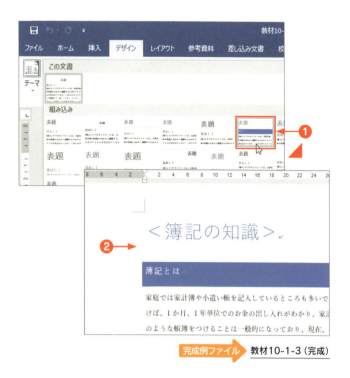

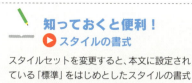

知っておくと便利！　スタイルの書式

スタイルセットを変更すると、本文に設定されている「標準」をはじめとしたスタイルの書式がすべて変更されます。文書の内容に応じて、イメージに合ったスタイルセットに変更することができます。

知っておくと便利！　スタイルセットを元に戻すには

スタイルセットの一覧の [既定のスタイルセットにリセット] をクリックします。

完成例ファイル 教材10-1-3（完成）

10-2 スタイルを作成する

学習時間の目安 15 min

よく使う書式の組み合わせはスタイルとして登録しておくことができます。登録したスタイルは、スタイルギャラリーに表示され、文書内の別の箇所に適用することができます。

ここでの学習内容

スタイルの作成と適用を学習します。スタイルには、文字スタイル、段落スタイル、表スタイルなどがあり、スタイルは自由に作成することができます。作成したスタイルは、スタイルギャラリーに表示されます。作成したスタイルはその文書に保存されます。

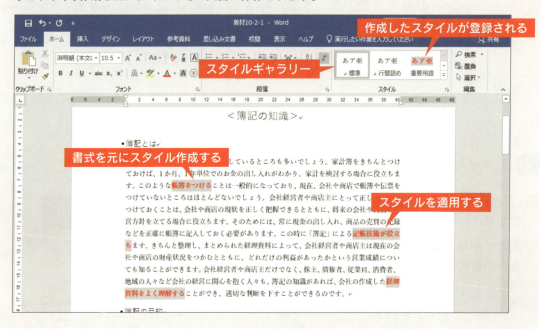

知っておくと便利！
▶ スタイルの種類

新しくスタイルを作成するときには、スタイルの種類を指定します。スタイルは設定対象に応じて次のような種類があります。

文字スタイル	フォント、フォントサイズ、フォントの色、太字など文字単位で設定される文字書式を登録したスタイル
段落スタイル	中央揃え、右揃えなどの配置、インデント、行間などの段落書式を登録したスタイル
リンクスタイル	文字書式と段落書式を合わせて登録したスタイル。文字を選択してスタイルを適用すると、スタイルの文字書式だけが適用され、段落を選択して行うとすべての書式が適用される
表スタイル	表に設定された罫線や塗りつぶしの色などの表の書式を登録したスタイル

新しいスタイルの作成

既存のスタイルの中に必要な書式の組み合わせがない場合は、新しいスタイルを作成することができます。スタイルの作成には複数の方法がありますが、あらかじめ文書内の文字列に登録する書式を設定しておき、その文字列を選択した状態でスタイルを作成すると効率よく作成できます。

やってみよう――文字列の書式からスタイルを作成する

教材ファイル 教材10-2-1

教材ファイル「教材10-2-1.docx」を開き、5行目の「帳簿をつける」の書式をもとに文字スタイルを作成しましょう。スタイル名は「重要用語」とします。

1 書式を設定した文字列を選択し、スタイルギャラリーを表示します。

❶ スタイルに登録する書式を設定した文字列を選択する
❷ [ホーム] タブの [スタイル] グループの [その他] ボタンをクリックする

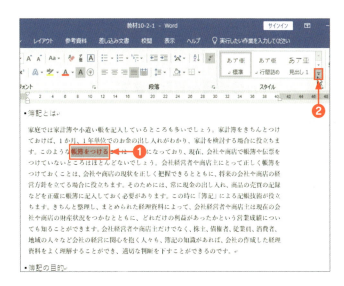

2 [書式から新しいスタイルを作成] ダイアログボックスを表示します。

❶ スタイルギャラリーが表示される
❷ [スタイルの作成] をクリックする

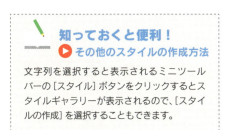

知っておくと便利！
▶ その他のスタイルの作成方法

文字列を選択すると表示されるミニツールバーの [スタイル] ボタンをクリックするとスタイルギャラリーが表示されるので、[スタイルの作成] を選択することもできます。

3 登録するスタイル名を入力し、ダイアログボックスを拡張します。

❶ [書式から新しいスタイルを作成] ダイアログボックスが表示される
❷ [名前] ボックスにスタイル名を入力する
❸ [変更] ボタンをクリックする

> **ここがポイント！**
> ▶ 文字スタイルの作成
>
> このダイアログボックスでは、段落スタイルしか作成できないため、[変更] ボタンからダイアログボックスを拡張表示して文字スタイルの詳細設定を行います。

4 スタイルの種類を指定します。

❶ ダイアログボックスが拡張表示される
❷ [種類] ボックスの▼をクリックして、[文字] をクリックする
❸ [OK] ボタンをクリックする

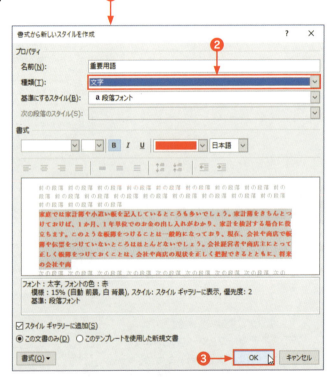

> **知っておくと便利！**
> ▶ [書式から新しいスタイルを作成] ダイアログボックス
>
> 拡張表示したダイアログボックスの [書式] の欄には選択した文字列の書式を表示されていますが、ここのボタンを使用して他の書式に変更することもできます。また、下方にある [書式] ボタンをクリックして、[フォント] や [段落] を選択して、それぞれのダイアログボックスから書式を設定することもできます。

5 スタイルが作成されます。

❶ 新しいスタイルが作成され、スタイルギャラリーに表示される
❷ 選択した文字列には「重要用語」スタイルが適用される

 知っておくと便利！
▶ その他のスタイルの作成方法

文字列などを選択せずに、直接［書式から新しいスタイルを作成］ダイアログボックスを表示してスタイルを作成することもできます。その場合は、スタイルの作成のみが行われます。

やってみよう ―作成したスタイルを適用する

作成したスタイル「重要用語」を、9行目「記帳技術が役立ち」と13行目「経理資料をよく理解する」の文字列に適用しましょう。

1 他の箇所の文字列を選択し、スタイルを適用します。

❶ 9行目「記帳技術が役立ち」を選択する
❷ Ctrl キーを押しながら13行目からの「経理資料をよく理解する」を選択する
❸ ［ホーム］タブの［スタイル］グループの［スタイルギャラリー］の［重要用語］をクリックする

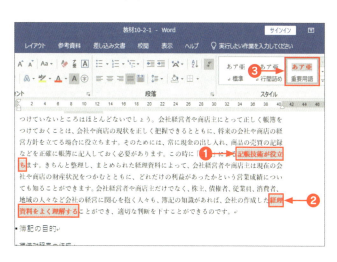

Chapter10 スタイルの活用 221

2 文字列にスタイルが適用されます。

❶ 選択した文字列にスタイルが設定される

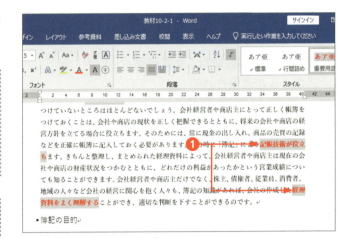

完成例ファイル 教材10-2-1（完成）

ここがポイント！
▶ スタイルの適用範囲

作成したスタイルは、通常は、この文書内でのみ使用できるスタイルとなります。文書を保存するとスタイルもファイルに保存されます。

知っておくと便利！
▶ スタイルの適用箇所の確認

スタイルギャラリーのスタイルを右クリックして、[同じ書式を選択：○か所] をクリックすると、そのスタイルが設定されている箇所がすべて選択されます。

知っておくと便利！
▶ スタイルの削除

スタイルギャラリーに表示されているスタイルを右クリックして [スタイルギャラリーから削除] を選択すると、スタイルギャラリーのスタイルを非表示にできます。ただし、スタイル自体が削除されたわけではありません。
作成したスタイルを削除するには、[ホーム] タブの [スタイル] グループの [ダイアログボックス起動ツール] をクリックして [スタイル] ウィンドウを表示します。[スタイル] ウィンドウ内のスタイルをポイントし、右側に表示される▼をクリックして [○○○（スタイル名）の削除] をクリックして削除します。

10-3 スタイルを変更・更新する

学習時間の目安 15 min　学習日・理解度チェック

スタイルは、登録されている書式の内容を自由に変更することができます。変更後にスタイルを更新すると、文書内の同じスタイルの設定箇所がすべて自動で変更されるので、文書内で書式を統一することができます。

ここでの学習内容

スタイルを変更する方法を学習します。2つの方法があります。[スタイルの変更]ダイアログボックスを使用して変更する方法と、文書内の目的のスタイルが設定されている箇所の書式を変更し、その後スタイルを更新する方法です。

- スタイルを変更する
- スタイルの設定されている箇所の書式を変更し、スタイルを更新する
- 同じスタイルの箇所はすべて変更される

Chapter10　スタイルの活用　223

スタイルの変更

文書にあらかじめ用意されている「見出し1」などの組み込みスタイルは文書のイメージや目的に応じて、より凝った書式に変更することが可能です。あらかじめ必要な箇所に見出しスタイルを設定しておけば、後から文書全体の見出しの書式を簡単に統一することができます。

やってみよう —「見出し1」スタイルを変更する

教材ファイル ▶ 教材10-3-1

教材ファイル「教材10-3-1.docx」を開き、「見出し1」スタイルのフォントを「HGPゴシックM」、フォントサイズを14pt、段落の下に罫線を引く書式を変更しましょう。

1 [スタイルの変更] ダイアログボックスを表示します。

❶ [ホーム] タブの [スタイル] の [その他] ボタンをクリックする
❷ スタイルギャラリーの [見出し1] を右クリックする
❸ [変更] をクリックする

2 スタイルの書式を変更します。

❶ [スタイルの変更] ダイアログボックスが表示される
❷ [フォント] の▼をクリックし、[HGPゴシックM] を選択する
❸ [フォントサイズ] の▼をクリックし、[14] を選択する
❹ [書式] ボタンをクリックする
❺ [罫線と網かけ] をクリックする

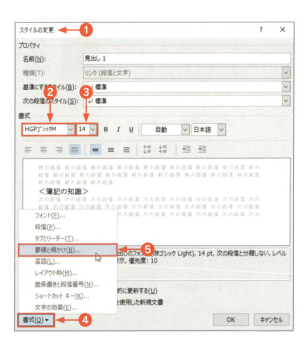

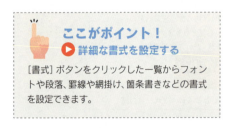

ここがポイント！
▶ 詳細な書式を設定する

[書式] ボタンをクリックした一覧からフォントや段落、罫線や網掛け、箇条書きなどの書式を設定できます。

3 スタイルの罫線を変更します。

❶[線種とページ罫線と網かけの設定]ダイアログボックスの[罫線]タブが表示される
❷段落の下端に罫線を設定する
❸[OK]ボタンをクリックする

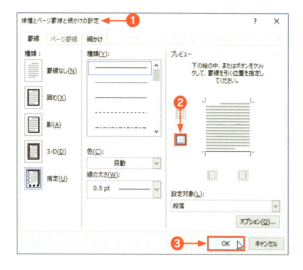

4 スタイルの変更を確定します。

❶[スタイルの変更]ダイアログボックスに戻るので、プレビューで変更されたスタイルの書式を確認する
❷[OK]ボタンをクリックする

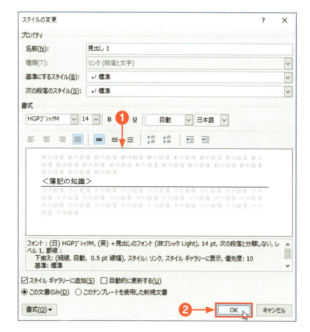

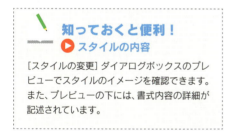

知っておくと便利！
▶ スタイルの内容

[スタイルの変更]ダイアログボックスのプレビューでスタイルのイメージを確認できます。また、プレビューの下には、書式内容の詳細が記述されています。

5 変更されたスタイルを確認します。

❶ すべての[見出し1]スタイルの箇所の書式が変更される

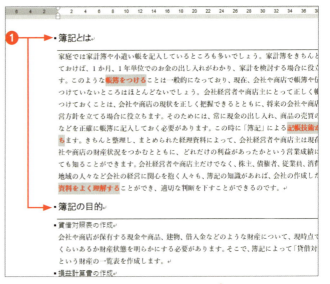

> **ここがポイント！**
> ▶「見出し1」スタイルの箇所
>
> この文書では「簿記とは」「簿記の目的」「簿記のしくみ」の3か所に「見出し1」スタイルが設定されています。

> 完成例ファイル ▶ 教材10-3-1（完成）

ステップアップ！
▶ スタイルを利用して目次を作成する

文書に見出しスタイルの1から3を設定しておくと、その箇所の文字列を取り出した目次を自動作成できます。目次を挿入するには、[参考資料]タブの[目次]グループの[目次]ボタンをクリックし、[自動作成の目次1]または[自動作成の目次2]を選択します。[自動作成の目次1]と[自動作成の目次2]の違いは、先頭行が「内容」と書かれているか「目次」と書かれているかの違いです。

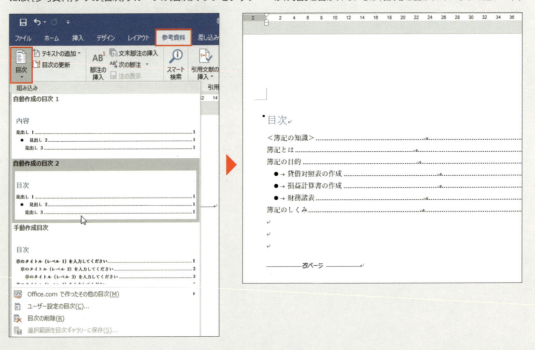

書式をもとにスタイルを更新

［スタイルの変更］ダイアログボックスを使わずに、文書内の見出しに設定した書式を変更してスタイルを更新することもできます。

やってみよう ―「見出し2」スタイルを変更する　　教材ファイル　教材10-3-2

教材ファイル「教材10-3-2.docx」を開き、「見出し2」スタイルが設定されている16行目「貸借対照表の作成」を太字、「●」の箇条書きに変更し、段落前の間隔を追加しましょう。

1　太字、箇条書きに変更します。

❶ 16行目を選択する
❷ ［ホーム］タブの［フォント］グループの［太字］ボタンをクリックする
❸ ［ホーム］タブの［段落］グループの［箇条書き］ボタンをクリックする
❹ 太字の箇条書きに変更される

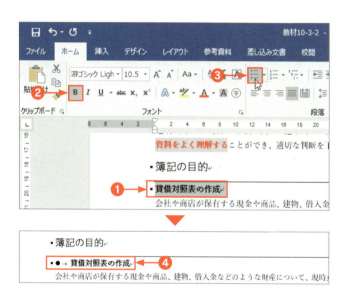

2　段落前の間隔を追加します。

❶ 16行目を選択した状態のまま、［ホーム］タブの［段落］グループの［行と段落の間隔］ボタンをクリックする
❷ ［段落前に間隔を追加］をクリックする
❸ 段落前に空きが追加される

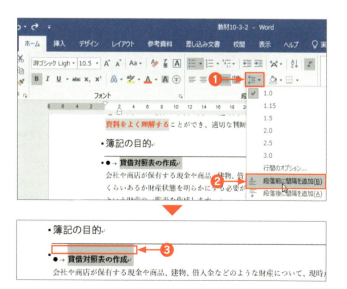

やってみよう──「見出し2」スタイルを更新する

書式を変更した「スタイル2」を更新して、他の「スタイル2」の設定箇所にも反映されることを確認しましょう。この文書の「損益計算書の作成」「財務諸表」にも「見出し2」スタイルが設定されています。

1 スタイルを更新します。

❶ 16行目を選択した状態のまま、[ホーム] タブの [スタイル] グループの [その他] ボタンをクリックする
❷ スタイルギャラリーの [見出し2] を右クリックする
❸ [選択個所と一致するように見出し2を更新する] をクリックする

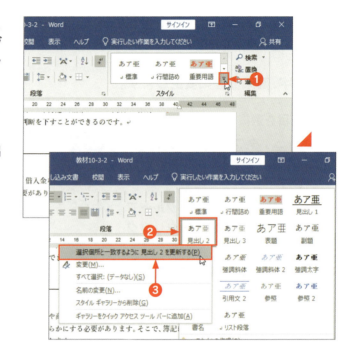

2 「見出し2」スタイルが設定されているすべての箇所が変更されます。

❶ すべての「見出し2」スタイルの箇所の書式が変更される

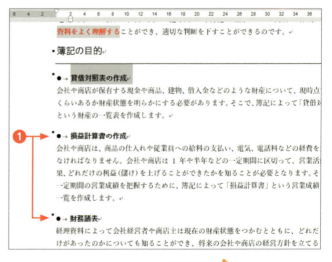

完成例ファイル　教材10-3-2（完成）

Chapter 10 練習問題

練習10-1

「練習問題」フォルダーから「練習10-1.docx」を開き、次の操作をしましょう。操作後は、「保存用」フォルダーに同じファイル名で保存し、文書を閉じましょう。

❶ 1行目の書式を「タイトル」というスタイル名でリンクスタイル（下記ポイント参照）として作成します。
❷ 文末の「かしわぎ市役所」の文字列に「タイトル」スタイルを設定します。
❸【 】で囲まれている段落（3か所）に「見出し1」スタイルを設定します。
❹ 1ページ目の「講習内容（暫定）」のフォントサイズを12pt、左インデント1字を設定して、「見出し2」スタイルを更新し、「見出し2」スタイルの4か所の書式が変更になったことを確認します。
❺「見出し1」スタイルを太字、フォントサイズを14ptに変更し、3か所の書式が変更になったことを確認します。

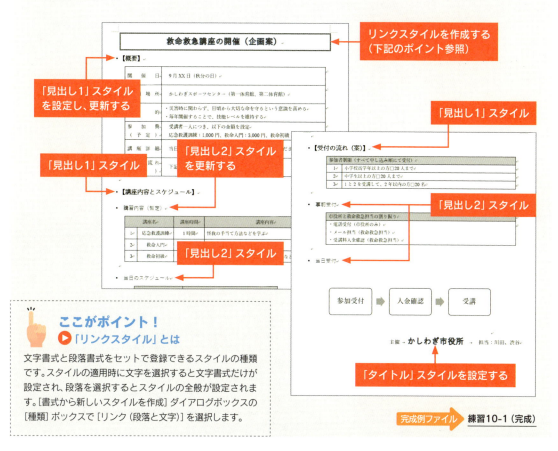

ここがポイント！
▶「リンクスタイル」とは

文字書式と段落書式をセットで登録できるスタイルの種類です。スタイルの適用時に文字を選択すると文字書式だけが設定され、段落を選択するとスタイルの全般が設定されます。［書式から新しいスタイルを作成］ダイアログボックスの［種類］ボックスで［リンク（段落と文字）］を選択します。

練習10-2

「練習問題」フォルダーから「練習10-2.docx」を開き、次の操作をしましょう。操作後は、「保存用」フォルダーに同じファイル名で保存し、文書を閉じましょう。

❶ 1行目「皆様の声より」の書式を、「行事予定」（赤字の箇所）の行に適用します。
❷ 「▲自治会でも……」の段落の書式を「回答」というスタイル名で段落スタイルとして作成します。
❸ 作成した「回答」スタイルを、見出し「禁煙」、「ペット」、「配送等の業者の出入りについて」の「▲」から始まる段落に適用します。

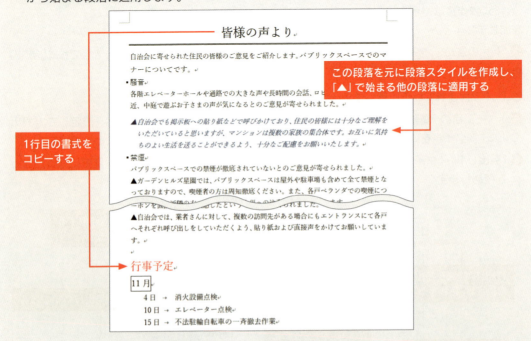

❹ 文書のスタイルセットを「線（スタイリッシュ）」に変更します。

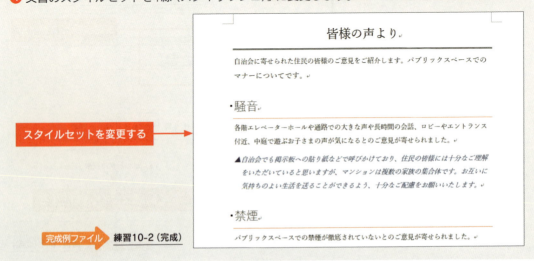

Chapter 11

差し込み印刷

同じ文書を宛先だけ変えて印刷する場合には差し込み印刷を利用すると便利です。名簿や住所録などが入力されているファイルから1件ずつデータを差し替えながら印刷できます。
定型文書の印刷だけでなく、市販の宛名ラベルや封筒へも印刷できます。

11-1 差し込み印刷ウィザードを使用する →232ページ

11-2 手動で差し込み印刷を設定する →240ページ

11-3 宛名ラベルを作成する →246ページ

11-1 差し込み印刷ウィザードを使用する

学習時間の目安 15 min　学習日・理解度チェック

月　日　□
月　日　□
月　日　□

差し込み印刷とは、文書内の所定の位置に別ファイルのデータを入れられるようにし、データを1件ずつ追加しながら連続印刷する機能です。宛先だけ変えて文書を作成する場合などに利用します。

ここでの学習内容

差し込み印刷について学習します。メイン文書とデータファイルの2つのファイルが必要です。メイン文書はWordの文書です。データファイルは、メイン文書に差し込みする宛名などのデータが入力されたファイルです。データファイルには、Excel、Access、Word（表のデータ）、テキストファイルなどを利用できます。

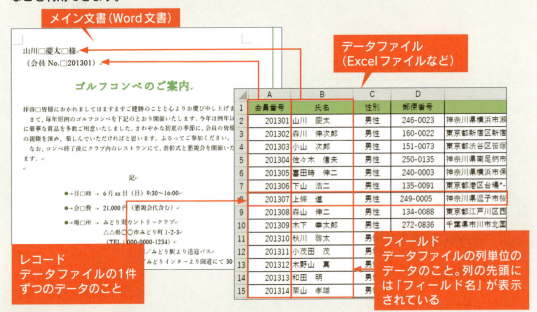

メイン文書（Word文書）

データファイル（Excelファイルなど）

レコード
データファイルの1件ずつのデータのこと

フィールド
データファイルの列単位のデータのこと。列の先頭には「フィールド名」が表示されている

ここがポイント！　差し込み文書を開く

差し込み印刷が設定されているファイルを開こうとすると、右のようなメッセージが表示されます。データを差し込んだ状態でファイルを開くには、必ず[はい]ボタンをクリックします。[いいえ]ボタンをクリックすると、差し込みされずに1件目のデータのみ表示された文書が開きます。また、データファイルの削除や場所の変更をした場合はエラーメッセージが表示されるので、[OK]ボタンをクリックしていき、[データファイルの選択]ダイアログボックスで、データファイルを指定します。

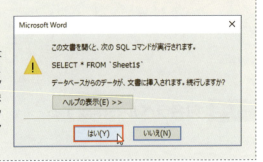

差し込み印刷ウィザードの利用

差し込み印刷ウィザードは、画面の右側に表示される［差し込み印刷］作業ウィンドウに表示される指示に従って［次へ］をクリックしながら、差し込み印刷文書の作成から印刷までを行えます。

やってみよう — メイン文書とデータファイルを指定する

教材ファイル　教材11-1-1、会員名簿

「Wordテキスト」フォルダー内の教材ファイル「教材11-1-1.docx」を開き、データファイルに同フォルダーのExcelファイル「会員名簿.xlsx」を使用して、宛名を差し込みする文書を作成しましょう。

1　差し込み印刷ウィザードを起動します。

❶［差し込み文書］タブをクリックする
❷［差し込み印刷の開始］グループの［差し込み印刷の開始］ボタンをクリックする
❸［差し込み印刷ウィザード］をクリックする

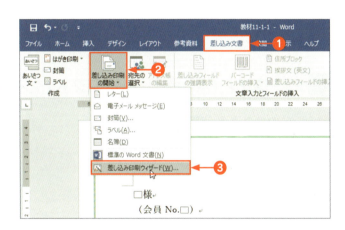

2　メイン文書の種類を指定します。

❶［差し込み印刷］作業ウィンドウが表示される
❷［レター］が選択されていることを確認する
❸［次へ：ひな形の選択］をクリックする

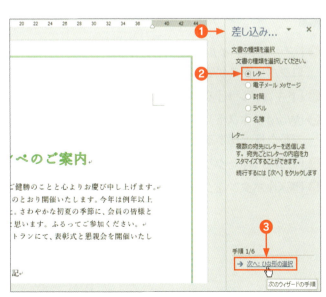

ここがポイント！　文書の種類

一般の文書の場合は［レター］を選択します。電子メールやラベル、封筒に差し込み印刷する場合はその種類を選択します。

Chapter11　差し込み印刷　233

3 メイン文書を指定します。

① [現在の文書を使用] が選択されていることを確認する
② [次へ:宛先の選択] をクリックする

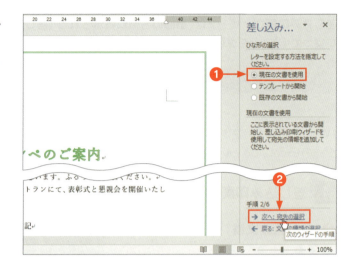

4 [データファイルの選択] ダイアログボックスを表示します。

① [既存のリストを使用] が選択されていることを確認する
② [参照] をクリックする

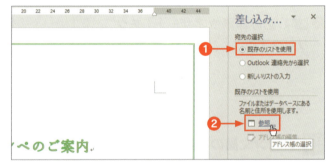

5 データファイルを指定します。

① [データファイルの選択] ダイアログボックスが表示される
② [ドキュメント] をクリックする
③ [Wordテキスト] フォルダーをダブルクリックする
④ [会員名簿] をクリックする
⑤ [開く] ボタンをクリックする

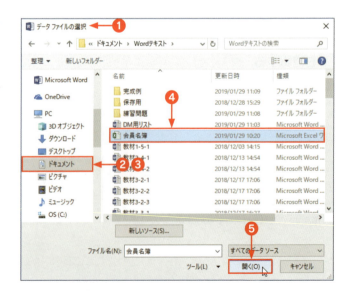

6 データの入力されているシートを指定します。

❶ [テーブルの選択] ダイアログボックスが表示される
❷ [Sheet1$] をクリックする
❸ [OK] ボタンをクリックする

>
> **ここがポイント！**
> ▶ テーブルの選択
>
> [テーブルの選択] ダイアログボックスはデータファイルにExcelやAccessのファイルを指定した場合に表示されます。[名前] 列に表示されたシート名 (Excelの場合) やテーブル名 (Accessの場合) の一覧からデータが入力されている場所を選択します。

7 データを確認して、ダイアログボックスを閉じます。

❶ [差し込み印刷の宛先] ダイアログボックスが表示される
❷ [OK] ボタンをクリックする

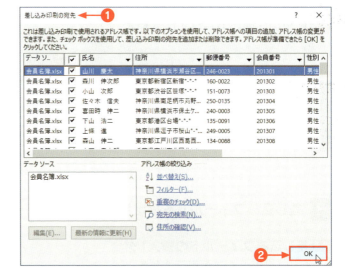

>
> **知っておくと便利！**
> ▶ [差し込み印刷の宛先] ダイアログボックス
>
> データファイルの内容が表示され、並べ替えや抽出が行えます。後からこのダイアログボックスを表示して操作することもできます。詳しくは、246ページの「ステップアップ！」で解説しています。

やってみよう―差し込みフィールドを挿入する

メイン文書にデータファイルがセットできたら、差し込みデータを挿入します。メイン文書の1行目に氏名、2行目に会員番号のデータを挿入しましょう。

1 作業ウィンドウのレターの作成に進みます。

❶ データファイル名が表示されていることを確認する
❷ [次へ：レターの作成] をクリックする

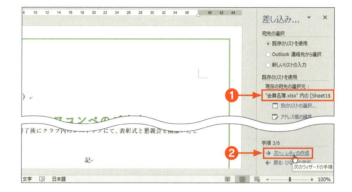

2 [差し込みフィールドの挿入] ダイアログボックスを表示します。

❶ 1行目の行頭にカーソルを移動する
❷ [差し込みフィールドの挿入] をクリックする

3 差し込みフィールドを指定します。

❶ [差し込みフィールドの挿入] ダイアログボックスが表示される
❷ [フィールド] ボックスの [氏名] をクリックする
❸ [挿入] ボタンをクリックする

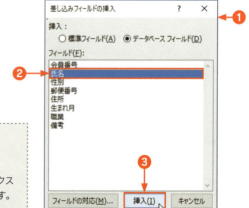

> 👉 **ここがポイント！**
> ▶ フィールドとは
> [差し込みフィールドの挿入] ダイアログボックスの [フィールド] ボックスの一覧にはデータファイルの列見出し (フィールド名) が表示されています。

4 フィールドが挿入されます。

❶ [氏名] フィールドが挿入される
❷ [閉じる] ボタンをクリックする

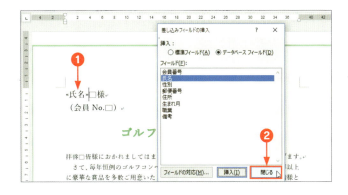

5 同様の操作で2行目に「会員番号」フィールドを挿入します。

❶ 2行目の空白の後ろに [会員番号] フィールドを挿入する

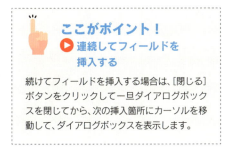

ここがポイント！
▶ 連続してフィールドを挿入する

続けてフィールドを挿入する場合は、[閉じる] ボタンをクリックして一旦ダイアログボックスを閉じてから、次の挿入箇所にカーソルを移動して、ダイアログボックスを表示します。

やってみよう — 差し込みデータを表示する

フィールドを挿入すると、<< >>で囲まれたフィールド名が表示されます。実際のデータを画面上で確認しましょう。

1 データをプレビュー表示します。

❶ [次へ：レターのプレビュー表示] をクリックする

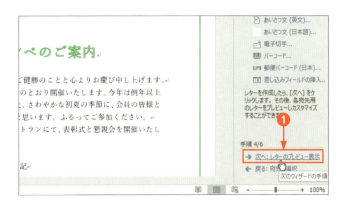

2 **1件目のデータが表示されます。**

❶差し込みフィールドに実際の
データが表示される

3 **2件目以降のデータを順に表示します。**

❶このボタンをクリックする
❷次のデータが表示される
❸データを確認したら、[次へ：差し
込み印刷の完了]をクリックする

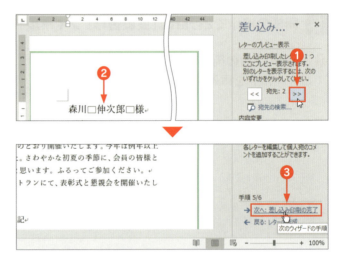

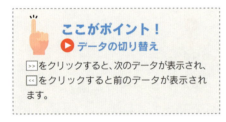

ここがポイント！
▶データの切り替え

>> をクリックすると、次のデータが表示され、
<< をクリックすると前のデータが表示され
ます。

やってみよう──差し込み印刷を実行する

差し込み文書を印刷しましょう。

1 **[プリンターに差し込み]ダイアログボックスを表示します。**

❶[印刷]をクリックする

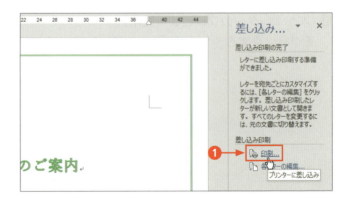

2 印刷するレコードを指定します。

❶ [プリンターに差し込み] ダイアログボックスが表示される
❷ [すべて] が選択されていることを確認する
❸ [OK] ボタンをクリックする

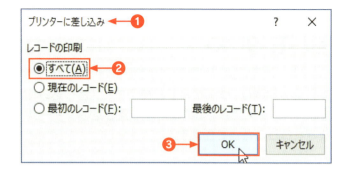

 知っておくと便利！
▶ 特定のレコードを印刷

画面に表示されているデータのみを印刷するには [現在のレコード] を、連続する範囲のデータは [最初のレコード] ボックスと [最後のレコード] ボックスに開始データと終了データの数値を入力します。

3 [印刷] ダイアログボックスで印刷を実行します。

❶ [印刷] ダイアログボックスが表示される
❷ [プリンター名] を確認する
❸ [印刷範囲] に [すべて] が選択されていることを確認する
❹ [部数] ボックスに [1] と表示されていることを確認する
❺ [OK] ボタンをクリックする
❻ 差し込み印刷が実行される

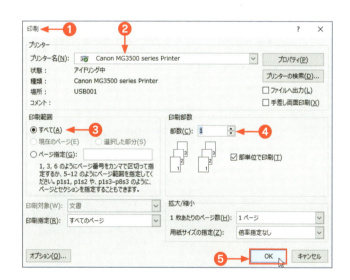

完成例ファイル ▶ 教材11-1-1（完成）

 ここがポイント！
▶ 差し込み印刷の実行

❺の操作をすると、データファイルの全データ51件分の差し込み印刷が実行されてしまいます。印刷しない場合は、[キャンセル] ボタンをクリックします。

11-2 手動で差し込み印刷を設定する

学習時間の目安 15 min

差し込み印刷は、ウィザードを使わずに［差し込み印刷］タブの各ボタンを使用しても操作できます。データファイルの指定から差し込みフィールドの挿入、プレビュー、印刷までの一連の設定を行うことができます。

ここでの学習内容

［差し込み文書］タブを使用して、差し込み印刷文書を作成する操作を学習します。

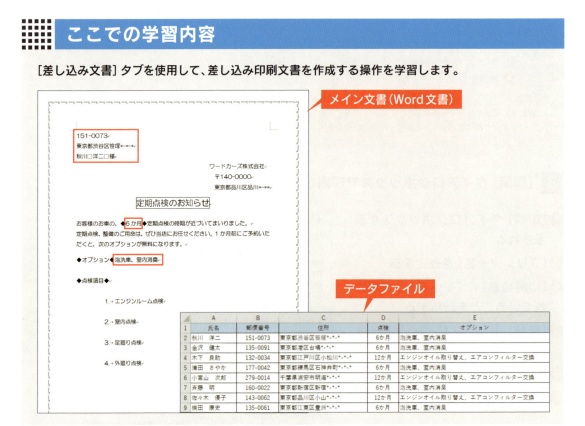

ここがポイント！
▶ ［差し込み文書］タブの利用

［差し込み文書］タブでは、おもに次のような順序でボタンを使用します。

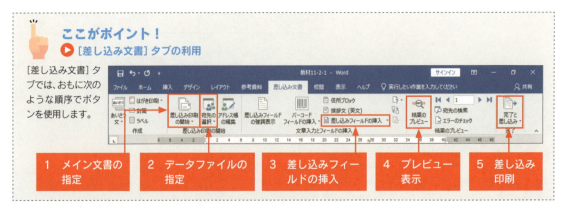

1. メイン文書の指定
2. データファイルの指定
3. 差し込みフィールドの挿入
4. プレビュー表示
5. 差し込み印刷

［差し込み文書］タブの利用

［差し込み文書］タブのボタンを利用して、差し込み印刷の設定が行えます。

やってみよう──データファイルを指定する

教材ファイル 教材11-2-1、顧客名簿（点検）

「Wordテキスト」フォルダー内の教材ファイル「教材11-2-1.docx」を開き、データファイルに同フォルダーのExcelファイル「顧客名簿（点検）.xlsx」を使用して、差し込み印刷文書を作成しましょう。

1 メイン文書の種類を指定します。

❶ ［差し込み文書］タブをクリックする
❷ ［差し込み印刷の開始］グループの［差し込み印刷の開始］ボタンをクリックする
❸ ［レター］をクリックする

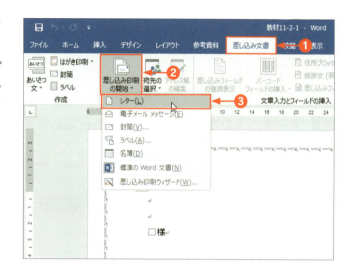

2 ［データファイルの選択］ダイアログボックスを表示します。

❶ ［差し込み文書］タブの［差し込み印刷の開始］グループの［宛先の選択］ボタンをクリックする
❷ ［既存のリストを使用］をクリックする

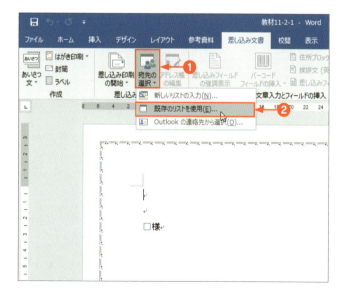

3 データファイルを選択します。

❶ [データファイルの選択] ダイアログボックスが表示される
❷ [ドキュメント] をクリックする
❸ [Wordテキスト] フォルダーをダブルクリックする
❹ 「顧客名簿（点検）」をクリックする
❺ [開く] ボタンをクリックする

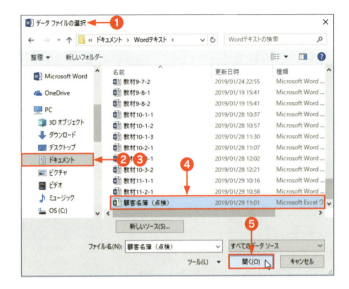

4 データの入力されているシートを指定します。

❶ [テーブルの選択] ダイアログボックスが表示される
❷ [Sheet1$] をクリックする
❸ [OK] ボタンをクリックする

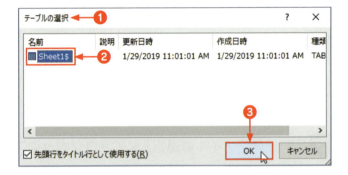

やってみよう―差し込みフィールドを挿入する

メイン文書にデータファイルがセットできたら、差し込みデータを挿入します。メイン文書の1行目から3行目に郵便番号、住所、氏名、8行目に点検、11行目にオプションのデータを挿入しましょう。

1　1行目に差し込みフィールドを挿入します。

❶ 1行目にカーソルが表示されていることを確認する
❷ ［差し込み文書］タブの［文章入力とフィールドの挿入］グループの［差し込みフィールドの挿入］ボタンの▼をクリックする
❸ ［郵便番号］をクリックする
❹ フィールドが挿入される

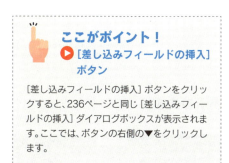

ここがポイント！
▶ ［差し込みフィールドの挿入］ボタン

［差し込みフィールドの挿入］ボタンをクリックすると、236ページと同じ［差し込みフィールドの挿入］ダイアログボックスが表示されます。ここでは、ボタンの右側の▼をクリックします。

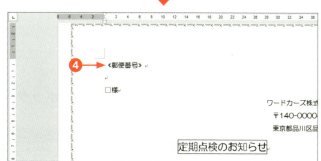

2　同様の操作で他の行にもフィールドを挿入します。

❶ 2行目に［住所］フィールドを挿入する
❷ 3行目に［氏名］フィールドを挿入する
❸ 8行目に［点検］フィールドを挿入する
❹ 11行目に［オプション］フィールドを挿入する

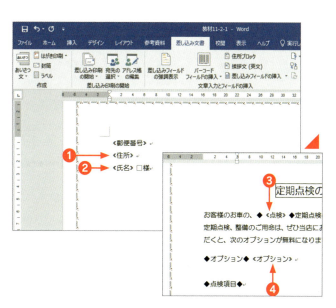

やってみよう ― 差し込みデータを確認して、印刷する

実際のデータを画面にプレビュー表示して確認し、印刷しましょう。

1 データをプレビュー表示します。

❶ [差し込み文書] タブの [結果のプレビュー] グループの [結果のプレビュー] ボタンをクリックする
❷ 1件目のデータが表示される

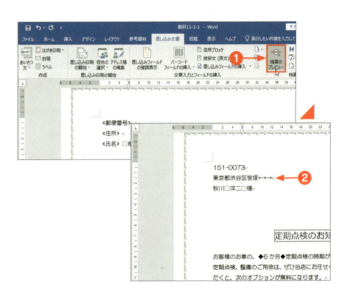

>
> **ここがポイント！**
> ▶ 次のデータの表示
>
> 前後のデータを表示するには、[結果のプレビュー] グループの ▶ [次のレコード] ボタン、◀ [前のレコード] ボタンをクリックします。また、中央の [レコード] ボックスに直接番号を入力することもできます。

2 [プリンターに差し込み] ダイアログボックスを表示します。

❶ [差し込み文書] タブの [完了] グループの [完了と差し込み] ボタンをクリックする
❷ [文書の印刷] をクリックする

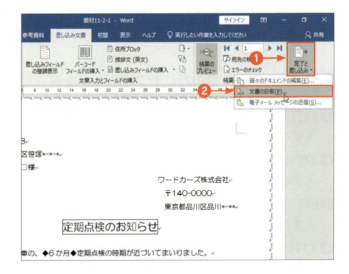

>
> **知っておくと便利！**
> ▶ 新規文書の作成
>
> [完了と差し込み] ボタンの [個々のドキュメントの編集] をクリックすると、差し込み印刷せずに差し込みデータが各ページに表示された新規文書が作成されます。データごとに文書の内容を変更したい場合などに利用します。

3 印刷するレコードを指定します。

❶ [プリンターに差し込み] ダイアログボックスが表示される
❷ [すべて] が選択されていることを確認する
❸ [OK] ボタンをクリックする

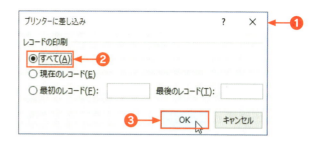

4 [印刷] ダイアログボックスで印刷を実行します。

❶ [印刷] ダイアログボックスが表示される
❷ [プリンター名] を確認する
❸ [印刷範囲] に [すべて] が選択されていることを確認する
❹ [部数] ボックスに [1] と表示されていることを確認する
❺ [OK] ボタンをクリックする
❻ 差し込み印刷が実行される

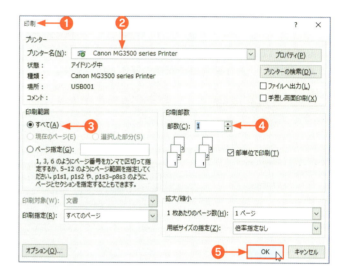

完成例ファイル 教材11-2-1（完成）

ここがポイント！
▶ 差し込み印刷の実行

❺の操作をすると、データファイルの全データ14件分の差し込み印刷が実行されてしまいます。印刷しない場合は、[キャンセル] ボタンをクリックします。

知っておくと便利！
▶ 差し込み印刷の解除

差し込み文書を作成後に、差し込みデータを解除して、通常の文書に戻すこともできます。[差し込み文書] タブの [差し込み印刷の開始] ボタンをクリックして、[標準のWord文書] をクリックします。

11-3 宛名ラベルを作成する

学習時間の目安 15 min

差し込み印刷の機能を利用すると、市販されているラベル用紙や封筒へ1件ずつデータを差し込みながら印刷することもできます。[差し込み文書] タブと [差し込み印刷] ウィザードのどちらを使用しても作成できます。

ここでの学習内容

宛名ラベルについて学習します。作成には、メイン文書とデータファイルが必要です。ラベルの種類を指定して、ラベルの位置に差し込みフィールドを挿入するだけで宛名ラベルが作成できます。封筒への差し込み印刷もほぼ同様の操作で行えます。

 ステップアップ！
▶ データの並べ替えや抽出

差し込み印刷でデータを並べ替えたり、抽出するには、[差し込み文書] タブの [差し込み印刷の開始] グループの [アドレス帳の編集] ボタンをクリックします。[差し込み印刷の宛先] ダイアログボックスが表示されるので、列見出しの▼をクリックして、並べ替えの指定や抽出するデータを選択します。
並べ替えは、「昇順で並べ替え」または「降順で並べ替え」を選択します。特定のデータを抽出するには、一覧から、目的のデータをクリックします。そのデータだけが差し込み印刷されます。

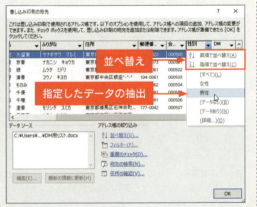

宛名ラベルの作成

市販されているラベル用紙のサイズの枠を表示し、差し込みフィールドの位置を指定して宛名ラベルを作成します。必ず新規文書から開始し、ラベルの種類を指定してメイン文書を作成します。

やってみよう──宛名ラベルを作成する

教材ファイル ▶ DM用リスト

［差し込み文書］タブを使用して、ラベルを作成しましょう。ラベルの製造元は「A-ONE」、製品番号は「26503」、データファイルに「Wordテキスト」フォルダーのWordファイル「DM用リスト.docx」を使用します。

1 ［ラベルオプション］ダイアログボックスを表示します。

❶ 新規の白紙文書を作成する
❷ ［差し込み文書］タブをクリックする
❸ ［差し込み印刷の開始］グループの［差し込み印刷の開始］ボタンをクリックする
❹ ［ラベル］をクリックする

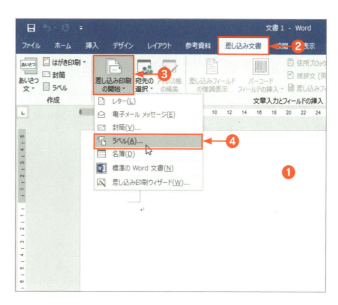

ここがポイント！
▶ 新規文書から始める

ラベルは新規文書から作成します。新規文書でない場合、既存の文書は破棄され、新規文書が表示されます。

2 ラベルの種類を指定します。

❶ ［ラベルオプション］ダイアログボックスが表示される
❷ ［ラベルの製造元］ボックスの▼をクリックして、［A-ONE］をクリックする
❸ ［製造番号］ボックスの［26503］をクリックする
❹ ［OK］ボタンをクリックする

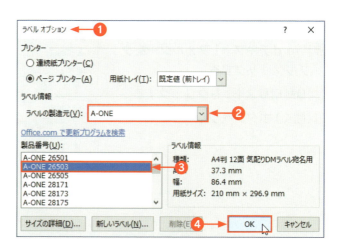

Chapter11　差し込み印刷　247

3 ラベルの枠が表示されます。

❶ ラベルの枠を表す表のグリッド線が表示される

> **知っておくと便利!**
> ▶ グリッド線
> ラベルは表形式で作成します。表のグリッド線が表示されていない場合は、[表ツール]の[レイアウト]タブの[表]グループの[グリッド線の表示]ボタンをクリックします。

4 [データファイルの選択]ダイアログボックスを表示します。

❶ [差し込み文書]タブの[差し込み印刷の開始]グループの[宛先の選択]ボタンをクリックする
❷ [既存のリストを使用]をクリックする

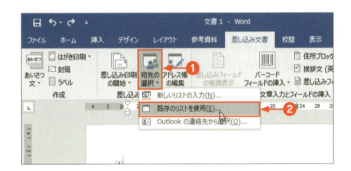

5 データファイルを選択します。

❶ [データファイルの選択]ダイアログボックスが表示される
❷ [ドキュメント]をクリックする
❸ [Wordテキスト]フォルダーをダブルクリックする
❹ 「DM用リスト」をクリックする
❺ [開く]ボタンをクリックする

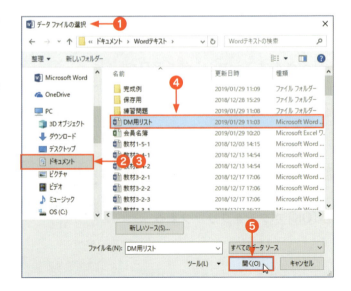

6 メイン文書のラベルにデータファイルがセットされます。

❶ 2件目以降のラベルに<<Next Record>>と表示される

ここがポイント！
▶ 2件目以降のラベル

2件目以降のラベルに表示される「<<Next Record>>」は連続してデータを差し込むために必要な情報です。削除しないようにします。

やってみよう ─ 差し込みフィールドを挿入する

1つ目（左上）のラベル枠内に差し込みフィールドを挿入して宛名ラベルを作成しましょう。「郵便番号」、「住所」、「氏名」のフィールドを挿入し、「氏名」の後ろには「様」を入力します。

1 1行目に差し込みフィールドを挿入します。

❶ 1つ目のラベルの1行目にカーソルが表示されていることを確認する
❷ [差し込み文書] タブの [文章入力とフィールドの挿入] グループの [差し込みフィールドの挿入] ボタンの▼をクリックする
❸ [郵便番号] をクリックする
❹ フィールドが挿入される

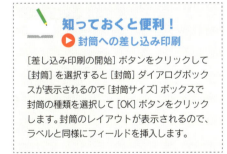

知っておくと便利！
▶ 封筒への差し込み印刷

[差し込み印刷の開始] ボタンをクリックして [封筒] を選択すると [封筒] ダイアログボックスが表示されるので [封筒サイズ] ボックスで封筒の種類を選択して [OK] ボタンをクリックします。封筒のレイアウトが表示されるので、ラベルと同様にフィールドを挿入します。

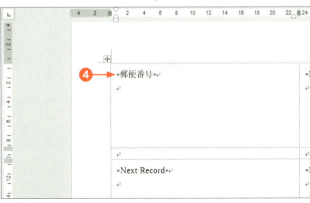

2 同様の操作で2行目以降にもフィールドを挿入します。

❶ Enter キーを押して改行する
❷ 2行目に [住所] フィールドを挿入する
❸ Enter キーを押して3行目は空白行にする
❹ 4行目に [氏名] フィールドを挿入し、空白1文字の後に「様」を入力する

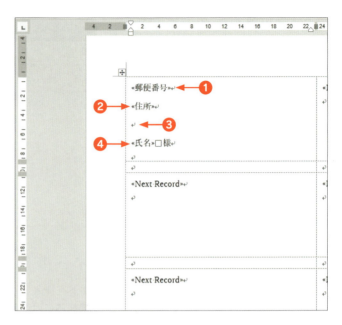

> **ここがポイント！**
> ▶ ラベルの書式設定
>
> ラベルに「様」のような文字を挿入したり、フォントサイズを変更したり、インデントを設定したりなどの書式設定は自由にできます。

3 作成したラベル設定をすべてのラベルに反映します。

❶ [差し込み文書] タブの [文章入力とフィールドの挿入] グループの [複数ラベルに反映] ボタンをクリックする
❷ 2件目以降のラベルにレイアウトがコピーされる

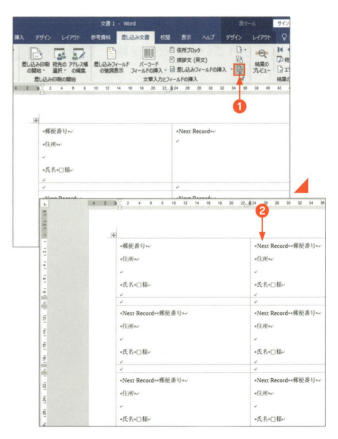

> **ここがポイント！**
> ▶ 複数ラベルに反映
>
> [複数ラベルに反映] ボタンをクリックすると1つ目のラベルのレイアウトが他のラベルにコピーされます。ラベルにフォントサイズや位置などの書式を設定する場合は、1つ目のラベルで書式設定後に [複数ラベルに反映] ボタンをクリックします。

やってみよう — 差し込みデータを確認して、印刷する

実際のデータをラベルにプレビュー表示して確認し、印刷しましょう。

1 データをプレビュー表示します。

❶ [差し込み文書] タブの [結果のプレビュー] グループの [結果のプレビュー] ボタンをクリックする

❷ すべてのラベルに差し込みデータが表示される

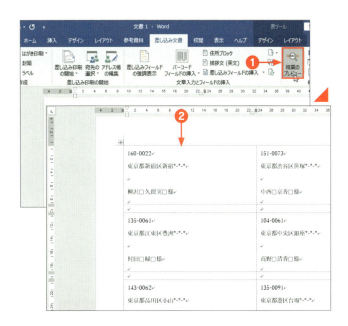

2 [プリンターに差し込み] ダイアログボックスを表示します。

❶ [差し込み文書] タブの [完了] グループの [完了と差し込み] ボタンをクリックする

❷ [文書の印刷] をクリックする

❸ [プリンターに差し込み] ダイアログボックスで差し込みするデータ範囲を指定し、[OK] ボタンをクリックする

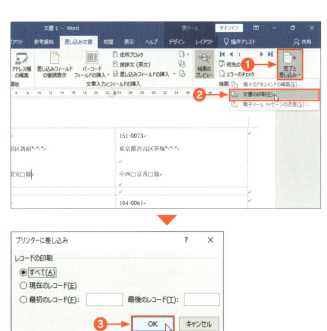

> **ここがポイント！**
> ▶ ラベルの印刷
>
> ラベル用紙をプリンターにセットしたら、差し込み印刷を実行します。これ以降の操作は、245ページと同様です。

完成例ファイル ▶ 教材11-3-1（完成）

Chapter11 差し込み印刷

Chapter 11

練習問題

練習11-1

「練習問題」フォルダーの「練習11-1.docx」をメイン文書として開き、同フォルダーのExcelファイル「練習11-1_受験者名簿.xlsx」をデータファイルとして差し込み文書を作成します。
操作後は、「保存用」フォルダーに同じファイル名で保存し、文書を閉じましょう。

練習問題ファイル ▶ 練習11-1、練習11-1_受験者名簿

❶ 以下の場所に差し込みフィールドを挿入します。

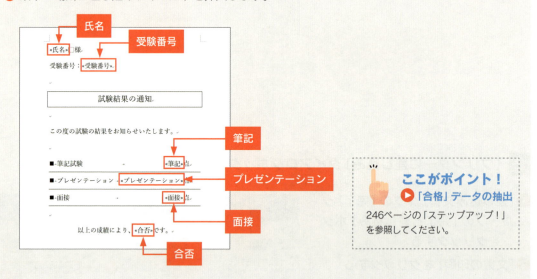

ここがポイント！
▶「合格」データの抽出
246ページの「ステップアップ！」を参照してください。

❷「合否」フィールドが「合格」のデータのみを差し込み、プレビュー表示します。

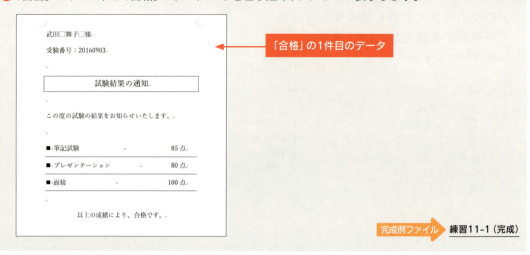

「合格」の1件目のデータ

完成例ファイル ▶ 練習11-1（完成）

索引

英数字

[100%] ボタン ……………………… 59
1行目のインデント ………………… 90
2段組み …………………………… 184
IMEパッド ………………………… 40
IMEパッドの便利な使い方 ……… 41
Microsoft IME …………………… 34
PDFまたはXPS形式で発行 ……… 64
SmartArtの書式設定を戻す ……… 161
[SmartArtの選択]
ダイアログボックス ……………… 158
SmartArtの挿入 ………………… 158
SmartArtの編集 ………………… 160
[Wordのオプション]
ダイアログボックス ……………… 64
Wordの画面の名称 ……………… 21
Wordの起動 ……………………… 19
Wordの終了 ……………………… 20

あ行

アウトライン（表示）……………… 59
新しい文書ウィンドウ …………… 55
宛名ラベルの印刷 ……………… 251
宛名ラベルの作成 ……………… 247
アンカー記号 …………………… 132
一度にすべて置換 ……………… 208
移動 ………………………… 46, 49
[色の設定] ダイアログボックス …… 132
印刷 ……………………………… 103
[印刷] ダイアログボックス ……… 239
印刷プレビュー …………………… 102
印刷プレビューと印刷 ……………… 63
印刷レイアウト …………………… 59
インデントマーカー ……………… 91
ウィンドウの分割 ………………… 61
[上書き保存] ボタン ……………… 23
英字の入力 ……………………… 37
英字の変換 ……………………… 38

絵柄のページ罫線 ……………… 194
閲覧モード ………………… 59, 60
オブジェクトのズーム …………… 60

か行

カーソル ………………………… 21
開始するページ番号の指定 ……… 181
改ページ ………………………… 196
[拡大] ボタン …………………… 102
影の効果 ………………………… 137
囲い文字 ………………………… 84
箇条書き ………………………… 93
箇条書きの解除 …………………… 94
下線 ……………………………… 77
画像のサイズ変更 ……………… 148
画像の挿入 ……………………… 147
カタカナの入力 ………………… 38
かな入力 ………………………… 24
漢字変換 ………………………… 35
キーの打ち分け ………………… 24
キーボード ……………………… 24
記号の入力 ……………………… 39
奇数ページと偶数ページで
異なるヘッダー／フッター ……… 175
行単位の選択 …………………… 48
行頭文字 ………………………… 95
行頭文字を好きな記号にする …… 95
行の間隔 ………………………… 98
行の間隔を戻す ………………… 99
行の高さの変更 ………………… 111
行の追加 ………………………… 113
行番号 …………………………… 21
均等割り付け …………………… 81
均等割り付けの解除 …………… 82
クイックアクセスツールバー …… 21
クイックアクセスツールバーに
ボタンを追加 …………………… 63
クイックアクセスツールバーに
ボタンを表示 …………………… 62
クイックアクセスツールバーの使い方 … 23
組み込みスタイル ……………… 214
組み込みのフッター …………… 176

組み込みのページ番号 ………… 179
組み込みのヘッダー …………… 173
[繰り返し] ボタン ………………… 23
グリッド線 ……………………… 248
クリップボード …………………… 47
グループ ………………………… 22
罫線の色 ………………………… 123
罫線の削除 ……………………… 125
罫線の種類の変更 ……………… 123
[罫線の書式設定] ボタン ……… 124
罫線の追加 ……………………… 124
罫線の太さ ……………………… 123
罫線を引く ……………………… 125
罫線をまとめて設定 …………… 127
検索 …………………………… 205
[検索と置換] ダイアログボックス … 207
コピー …………………… 46, 49, 50

さ行

サイズ変更ハンドル ……………… 134
再変換機能 ……………………… 45
差し込み印刷ウィザード ……… 233
[差し込み印刷] 作業ウィンドウ …… 233
差し込み印刷タブ ……………… 240
差し込み印刷タブの利用 ……… 241
[差し込み印刷の宛先]
ダイアログボックス ……………… 235
差し込み印刷の解除 …………… 245
差し込み印刷の実行 ……… 238, 245
差し込みデータの抽出 ………… 246
差し込みデータの並べ替え …… 246
差し込みデータの表示 … 237, 244, 251
差し込みフィールド …………… 236
差し込みフィールドの挿入 …… 243
差し込み文書を開く …………… 232
字下げインデント ………………… 90
辞書機能 ………………………… 35
下書き …………………………… 59
斜体 ……………………………… 76
縮小印刷 ………………………… 101
書式から新しいスタイルを作成 … 220
書式タブの表示 ………………… 136

| 書式のコピー/貼り付け ………… 213
| 書式をもとにスタイルを更新 ……… 227
| 書式を連続して貼り付ける ………… 214
| ズーム ……………………… 21, 58
| 透かし ……………………………… 189
| [透かし] ダイアログボックス ……… 189
| 透かしの削除 ……………………… 190
| スクロールバー …………………… 21
| 図形の位置 ………………………… 161
| 図形の移動 ………………………… 134
| 図形の色 …………………………… 132
| 図形の色 (SmartArt) ……………… 160
| 図形の重なり順の変更 …………… 140
| 図形の効果 ………………………… 137
| 図形のサイズ変更 ………………… 134
| 図形の削除 ………………………… 159
| 図形の作成 ………………………… 133
| 図形のスタイル …………………… 136
| 図形の挿入 ………………………… 131
| 図形の文字入力 …………………… 139
| 図形の枠線 ………………………… 133
| スタイルギャラリー ………… 215, 219
| スタイルセット …………………… 217
| スタイルの更新 …………………… 227
| スタイルの削除 …………………… 222
| スタイルの作成 …………………… 219
| スタイルの適用 …………………… 221
| スタイルの変更 …………………… 224
| [スタイルの変更]
| ダイアログボックス …………… 224
| スタイルを利用して目次を作成 …… 226
| ステータスバー ……………… 21, 58
| 図のサイズ変更 …………………… 148
| 図の視覚効果 ……………………… 151
| 図のスタイル ……………………… 150
| 図の挿入 …………………………… 147
| 図の挿入 (透かし) ………………… 190
| 図の縦横比を固定しない ………… 148
| セクション ………………………… 197
| セクション区切りの解除 ………… 197
| セクション区切りの挿入 …… 185, 197
| セクション番号の表示 …………… 198

| セル ………………………………… 106
| セル内の文字位置 ………………… 121
| セルの色 …………………………… 118
| セルの結合 ………………………… 111
| セルの塗りつぶし ………………… 118
| セルの分割 ………………………… 112
| [線種とページ罫線と網かけの設定]
| ダイアログボックス ………… 126, 193
| 選択の解除 ………………………… 48
| 操作の繰り返し …………………… 112
| 促音 ………………………………… 25

た行

| ダイアログボックス起動ツール …… 22
| タイトルバー ………………………… 21
| タブ ………………………………… 22
| タブ位置の変更 …………………… 168
| [タブとリーダー]
| ダイアログボックス ………… 170, 171
| タブの削除 ………………………… 168
| タブの種類の変更 ………………… 168
| タブの挿入 ………………………… 167
| タブマーカー ……………………… 167
| 段区切りの挿入 …………………… 186
| 段組みの解除 ……………………… 185
| 段組みの詳細設定 ………………… 187
| 段組みの設定 ……………………… 184
| 単語の選択 ………………………… 48
| 段落記号 …………………………… 21
| 段落罫線 …………………………… 126
| 段落罫線の削除 …………………… 127
| 段落後に間隔を追加 ……………… 100
| [段落] ダイアログボックス ……… 90
| 段落の間隔 ………………………… 99
| 段落の前後の間隔 ………………… 100
| 段落の前後の間隔の削除 ………… 100
| 段落の選択 ………………………… 88
| 段落番号 …………………………… 94
| 段落番号の解除 …………………… 95
| 置換 ………………………………… 207
| 中央揃え …………………………… 88
| [中央揃え] ボタン ………………… 114

| 注目文節 …………………………… 42
| データファイル …………………… 232
| [データファイルの選択]
| ダイアログボックス ……………… 234
| [テーブルの選択]
| ダイアログボックス ……………… 235
| テーマの色の確認 ………………… 203
| テーマの効果 ……………………… 202
| テーマの設定 ……………………… 200
| テーマのフォント ………………… 201
| テーマのフォントの確認 ………… 203
| テーマの変更 ……………………… 200
| テーマの保存 ……………………… 203
| テーマを戻す ……………………… 202
| テキストウィンドウ ……………… 159
| テキストボックスの挿入 ………… 142
| テキストボックスの利点 ………… 143
| 特定のページの印刷 ……………… 101
| 特定のレコードの印刷 …………… 239
| [閉じる] ボタン …………………… 20

な行

| ナビゲーションウィンドウ … 205, 206
| 日本語入力システム ……………… 34
| 塗りつぶし効果 …………………… 192

は行

| 背景色 ……………………………… 191
| 配置ガイド …………………… 134, 150
| 配置の解除 ………………………… 87
| [背面へ移動] ボタン ……………… 140
| 白紙の文書 …………………… 20, 55
| [貼り付けのオプション] ボタン …… 50
| 範囲選択の方法 …………………… 47
| ビジネス文書の書き方 …………… 66
| 左インデント ……………………… 89
| 左インデントの解除 ……………… 89
| 左揃えタブ ………………………… 167
| 表示倍率 …………………………… 58
| 表紙ページの設定 ………………… 180
| 表紙ページのページ番号の設定 … 182
| 表示モード ………………………… 59

表全体のサイズ変更 ……………… 111	文章の変換 ………………………… 42	文字の削除 ………………………… 25
表題スタイル ……………………… 214	文書の上書き保存 ………………… 31	文字列からワードアートを作成 …… 156
表の移動ハンドル ………………… 114	文書のタイトル …………………… 174	文字列の折り返し（図）…………… 149
表のスタイル ……………………… 119	文書の保存 ………………………… 28	文字列の折り返し（図形）………… 138
表のスタイルのオプション ……… 120	［文書表示］ボタン ………………… 21	文字列の折り返し（表）…………… 127
表のスタイルの解除 ……………… 120	文書を閉じる ……………………… 29	文字列の折り返し（ワードアート）… 154
表の挿入 …………………………… 107	文書を開く ………………………… 30	文字列の背面へ移動 ……………… 140
［表の挿入］ダイアログボックス …… 108	文節の区切り直し ………………… 43	［元に戻す］ボタン ………………… 23
表の中央揃え ……………………… 114	ページ区切りの削除 ……………… 196	
表の文字入力 ……………………… 108	ページ区切りの挿入 ……………… 196	**や行**
［表］ボタン ………………………… 107	ページ罫線 ………………………… 193	［やり直し］ボタン ………………… 23
ファイルの上書き保存 …………… 31	ページ罫線の位置の変更 ………… 194	拗音 ………………………………… 25
ファイルの保存 …………………… 28	ページ罫線の削除 ………………… 194	用紙サイズ ………………………… 56
ファイルを閉じる ………………… 29	ページ設定 ………………………… 55	用紙の向き ………………………… 56
ファイルを開く …………………… 30	［ページ設定］ダイアログボックス … 56	予測入力 …………………………… 35
ファンクションキーによる変換 …… 38	ページの色 ………………………… 191	予測入力の設定 …………………… 36
フィールド ………………… 232, 236	ページの色の印刷 ………………… 192	読みから変換できる記号 ………… 39
封筒への差し込み印刷 …………… 249	ページの色の解除 ………………… 191	読みの修正 ………………………… 44
フォント …………………………… 74	［ページ番号の書式］	読みのわからない漢字の入力 …… 40
フォントサイズ …………………… 73	ダイアログボックス ……………… 180	
フォントサイズの単位 …………… 73	ページ番号の挿入 ………………… 179	**ら行**
フォントサイズの変更 …………… 156	ヘッダーの削除 …………………… 174	［ラベルオプション］
［フォント］ダイアログボックス … 77, 97	ヘッダーの挿入 …………………… 173	ダイアログボックス ……………… 247
フォントの色 ……………………… 75	ヘッダーの編集 …………………… 173	ラベルの書式設定 ………………… 250
複数箇所の選択 …………………… 48	ヘッダーへの直接入力 …………… 174	リアルタイムプレビュー ……… 73, 151
複数のタブの削除 ………………… 171	変換後の修正 ……………………… 44	リボン ……………………………… 21
複数のタブの挿入 ………………… 169	変換の取り消し …………………… 44	リボンの使い方 …………………… 22
複数のタブの変更 ………………… 171	編集記号 ………………………… 23, 185	ルーラー …………………………… 22
複数ページの表示 ………………… 58	ホームポジション ………………… 24	ルビ ………………………………… 82
複数ラベルに反映 ………………… 250	ボタン ……………………………… 22	ルビの一括設定 …………………… 83
フッターの位置の変更 …………… 176		ルビの解除 ………………………… 83
フッターの削除 …………………… 177	**ま行**	レコード …………………………… 232
フッターの挿入 …………………… 176	マウスポインター ………………… 21	列幅の自動調整 …………………… 110
太字 ………………………………… 76	右揃え ……………………………… 87	列幅の変更 ………………………… 110
ぶら下げインデント ……………… 91	見出しスタイル ………………… 214, 224	ローマ字かな対応表 ……………… 26
［プリンターに差し込み］	メイン文書 ………………………… 232	ローマ字入力 ……………………… 24
ダイアログボックス ……………… 239	文字書式 ………………………… 72, 85	
プリンターのプロパティ ………… 103	文字書式の一括設定 ……………… 77	**わ行**
分割バー …………………………… 61	文字単位の選択 …………………… 47	ワードアートの書式 ……………… 156
文書ウィンドウ …………………… 21	文字の間隔 ………………………… 97	ワードアートの挿入 ……………… 153
文章の折りたたみ ………………… 216	文字の間隔を標準に戻す ………… 98	ワードアートの変形 ……………… 155
文章の入力 ………………………… 42	文字の効果 ………………………… 78	ワードアートの文字の効果 ……… 155

■ 著者プロフィール

佐藤 薫(さとう かおる)

　ソフトウェア商社でのPCインストラクターを経て、専門学校の講師としてOfficeや資格試験対策講座を担当するほか、株式会社ZUGA (https://zuga.jp/) にも所属し、書籍の企画、執筆、編集を行っている。

　主な著書に「30レッスンでしっかりマスター Word 2013 [基礎] / [応用] ラーニングテキスト」「世界一わかりやすいWordテキスト」(技術評論社)、「仕事にスグ役立つマクロ/VBAワザ！ Excel 2016/2013/2010/2007対応 (共著)」「MOS攻略問題集Word 2016」「MOS攻略問題集Word 2016エキスパート」(日経BP社) など。

カバー・本文デザイン
　松崎 徹郎／谷山 愛 (有限会社エレメネッツ)
イラスト　　土谷 尚武
本文DTP　　酒徳 葉子

ベテラン講師がつくりました
世界一わかりやすいWordテキスト
Word 2019/2016/2013対応版

2019年　4月27日　初版　第1刷発行
2020年　6月26日　初版　第3刷発行

著　者　　佐藤 薫
発行者　　片岡 巌
発行所　　株式会社技術評論社
　　　　　東京都新宿区市谷左内町21-13
　　　　　電話　03-3513-6150　販売促進部
　　　　　　　　03-3513-6166　書籍編集部
印刷／製本　株式会社加藤文明社

定価はカバーに表示してあります

本書の一部または全部を著作権法の定める範囲を越え、無断で複写、複製、転載、テープ化、ファイルに落とすことを禁じます。

©2019　佐藤 薫

造本には細心の注意を払っておりますが、万一、乱丁 (ページの乱れ) や落丁 (ページの抜け) がございましたら、小社販売促進部までお送りください。送料小社負担にてお取り替えいたします。

ISBN978-4-297-10273-9　C3055
Printed in Japan

■ お問い合わせに関しまして

　本書に関するご質問については、本書に記載されている内容に関するもののみとさせていただきます。本書の内容を超えるものや、本書の内容と関係のないご質問につきましては、一切お答えできませんので、あらかじめご了承ください。また、電話でのご質問は受け付けておりませんので、ウェブの質問フォームにてお送りください。FAXまたは書面でも受け付けております。

　お送りいただいたご質問には、できる限り迅速にお答えできるよう努力いたしておりますが、場合によってはお答えするまでに時間がかかることがあります。また、回答の期日をご指定なさっても、ご希望にお応えできるとは限りません。

　ご質問の際に記載いただいた個人情報は質問の返答以外の目的には使用いたしません。また、質問の返答後は速やかに削除させていただきます。

● 質問フォームのURL

https://gihyo.jp/book/2019/978-4-297-10273-9
※本書内容の訂正・補足についても上記URLにて行います。

● FAXまたは書面の宛先

〒162-0846
東京都新宿区市谷左内町21-13
株式会社技術評論社　書籍編集部
「世界一わかりやすいWordテキスト
　2019対応版」係
FAX：03-3513-6183